太阳能热水与地源热泵技术应用实践探索

Taiyangneng Reshui Yu Diyuan Rebeng Jishu

Yingyong Shijian Tansuo

秦　景◎著

黑龙江教育出版社

图书在版编目（ＣＩＰ）数据

太阳能热水与地源热泵技术应用实践探索 ／ 秦景著
. -- 哈尔滨 : 黑龙江教育出版社，2021.7
　ISBN 978-7-5709-2434-9

Ⅰ．①太… Ⅱ．①秦… Ⅲ．①太阳能水加热器－热水
供应系统－研究②热泵－研究 Ⅳ．①TK515②TH38

中国版本图书馆CIP数据核字(2021)第153298号

太阳能热水与地源热泵技术应用实践探索

Taiyangneng Reshui Yu Diyuan Rebeng Jishu Yingyong Shijian Tansuo

秦　景　著

责任编辑	王　鹏	
封面设计	朱美杰	
出版发行	黑龙江教育出版社	
	（哈尔滨市道里区群力第六大道 1313 号）	
印　　刷	黑龙江华文时代数媒科技有限公司	
开　　本	787 毫米×1092 毫米　1/16	
印　　张	6.75	
字　　数	110 千字	
版　　次	2021 年 7 月第 1 版	
印　　次	2021 年 7 月第 1 次印刷	

书　　号　ISBN 978 - 7 - 5709 - 2434 - 9　　**定　　价**　40.00 元

黑龙江教育出版社网址：www.hljep.com.cn
如需订购图书，请与我社发行中心联系。联系电话：0451 - 82533097　82534665
如有印装质量问题，影响阅读，请与我公司联系调换。联系电话：0451 - 87619957
如发现盗版图书，请向我社举报。举报电话：0451 - 82533087

前　言

　　能源、环境及可持续发展等问题,是摆在当今世界各国面前的棘手难题。时代要发展,社会要进步,所以不能通过牺牲经济和社会的发展来解决能源和环境等问题。同样,我们也不能以破坏环境为代价而换取一时的经济和社会发展。作为地球村一员的中国也不能避免这些问题,甚至这个问题的矛盾可能更加尖锐,自改革开放以来,中国经济取得了前所未有的巨大成就。国民生产总值排名世界第二,人民生活水平有了翻天覆地的改变。但是这些成就却不能改变中国是世界上最大的发展中国家的事实,根据2011年最新的贫困标准(家庭人均收入2 300元/年),中国还有1.28亿贫困人口。所以中国必须加快自己发展的脚步,让更多的人过上更好的生活。但是我们的发展却面临能源和环境等问题的巨大制约。

　　能源作为当代工业社会发展最重要的生产资料,与经济发展有着很大的关系。随着中国城镇化的加快和人民生活水平的提高,能源短缺的问题无时无刻不再困扰着我们。从文献中数据可知,在全球能源消费中一次能源预计会在未来20年内以平均1.6%的速度增长。根据最新资料显示,2013年我国的一次能源消耗为2 852.4百万吨油当量。而在我国的能源消费结构中,以煤炭、石油和天然气为主的化石燃料占了绝大部分比例。煤炭和石油等化石燃料在燃烧后会排放大量的二氧化碳、烟尘和硫化物等有害物质。二氧化碳作为主要的温室气体,过量地排放使得气温日益升高,温室效应日益加重。与此同时,烟尘和硫化物的排放会直接导致雾霾和酸雨等污染的形成,更会对人们的健康产生直接的危害。

　　在面临化石燃料越用越少,甚至有枯竭的危险,烧化石燃料会带来诸多环境问题时,各国都将目光转向了可再生能源的开发和利用上。以风能和太阳能等为代表的再生能源,不仅能够满足经济发展需求,而且同时能够做到环境友好和可持续发展。

为了促进可再生能源发展,政府出台了一系列类似《中华人民共和国可再生能源法》等的政策和法规,来加大对新能源的支持力度。使新能源不再只是停留在纸面上,而是真正能够被大众采纳接受。以此来提高非化石能源在一次能源中所占的比例,2020年以前争取达到总量的15%左右,使我国单位生产总值的二氧化碳排放量比2005年下降40%~45%。

我国正处于经济增长和城镇化快速发展时期,居民对室内舒适度的要求不断提升,建筑能耗呈现持续增长的趋势,同时,世界性的环境问题也正在突显。面对日益严峻的能源形势和环境危机,国家加大对可再生能源应用技术的推广力度,并制定了一系列节能降耗的目标与政策。地源热泵技术作为一种切实可行的可再生能源技术,是国家重点推广的可再生能源建筑应用技术之一。本书的研究对相关研究具有一定的借鉴意义。

目 录

第一章　太阳能热水技术研究背景

第一节　国内外研究现状与发展趋势

一、国外相关研究与发展

(一)太阳能热水应用情况

国外的太阳能热水器发展很早,但由于 20 世纪 80 年代的国际石油降价,加之政府取消对新能源减免税优惠的政策导向,使工业发达国家太阳能热水器总销售量徘徊在几十万平方米。根据国际能源组织的"Solar Energy Research Report"(2007 年版)报告,截至 2006 年年底,世界太阳能集热器总安装量已达 118GWth,约 $1.68 \times 10^8 m^2$,包括平板型和真空管型 86.3GWth、无盖板塑料型 23.9GWth、空气型 0.8GWth。世界环境发展大会之后,许多国家又开始重视太阳能热水器在节约常规能源和减少排放 CO_2 方面的潜力。目前太阳能热水器技术及推广应用较好的国家有奥地利、希腊、以色列、丹麦、德国、荷兰、澳大利亚、日本、美国等国家。国外太阳能与建筑一体化发展的同时也得到了政府的大力支持,一般采用高额补贴的办法(补贴比例 30% ~60%);以色列则采取强制性推广政策,使太阳能热水器的普及率超过 90% ,太阳能热水器总面积 350 万 m^2,平均每千人集热面积达到 $580 m^2$,成为全球人均太阳能热水使用面积最高的国家。2007 年国外市场占世界太阳能热水器份额的 40% 左右,即相当于 $7.8 \times 10^6 m^2$,其中 90% 采用平板太阳能集热器。越来越多的国家加入政策扶持太阳能产业的行列,预计未来 10 年,该产业的增长率不会低于 13% ,其中欧洲发展最早也最快,使用量也大,欧盟 15 国太阳热水器集热面积正以 35% 的速度递增,2010 年分体式太阳能热水系统总面积将达到 8 155 万 ～ 10 000万 m^2。

太阳能热水的主要功能是为家庭、系统和单位等提供热水,并用于洗浴、采暖等各种要求。各国根据发展水平及社会文化习惯不同,在太阳能热利用技术应用的领域也不尽相同。如欧洲与北美等发达国家技术水平相对先进,因而应用领域也较为广泛且高端,欧洲太阳能热水使用主要涉及生活热水、采暖(含制冷和空气调节)、工业用水、区域太阳能供热水厂等方面,尤以区域太阳能供热水厂最具特点。截至目前,欧洲已建成 87 座大型区域太阳能供热水厂,太阳能集热器总安装量达 120MWth。北美国家主要用于游泳池水加热和洗衣店用热水等,美国在这方面处于世界领先地位。

(二)国外太阳能热水系统应用形式

国际上,太阳能热水器产品经历了闷晒式、平板式、全玻璃真空管式的发展,目前其产品的发展方向仍是注重提高集热器的效率,如将透明隔热材料应用于集热器的盖板与吸热板的隔层,以减少热量损失[1]。聚酯薄膜的透明蜂窝已在德国和以色列批量生产。

(三)国外相关激励机制与政策

为进一步扩大太阳能热水在住宅建筑中的应用市场,一些国家制定了相关法律和政策。如以色列早在 1982 年就出台了太阳能热水器法规,规定凡是新建建筑必须安装太阳能热水器,否则政府不予批准建设。美国在 1992 年的能源政策法中规定对太阳能项目永久减税 10%,针对太阳能等可再生能源的利用,目前已在纽约等 11 个州提出购买和安装可再生能源设备减免个人收入税的决定,在 12 个州对集体所拥有的可再生能源设备给予企业所得税减免,并有 11 个州对可再生能源设备的制造、安装和运行所需材料、设备的销售税予以抵扣。日本在 1997 年制定了《新能源利用促进特别措施法》,规定政府、能源使用者、能源供给者及地方公共团体对新能源的发展利用应尽的责任和义务,并由政府对财政、融资等方面提供一系列优惠政策。1999 年西班牙一致通过太阳能条例,2000 年开始实施,要求改造或新建的建筑必须强制安装太阳能设备。德国和荷兰政府鼓励在建筑中应用可再生能源,其投资成本可由政府返还 15% ～ 30%。有些国家在建筑法规中引入太阳能规范,如希腊、西班牙的建筑规范中规定了利用太阳能的测试程序和发放标志证书。而澳大利亚则制定了购买使用太阳能热水器的优惠政策。国外先进的技术及政策、法规对推动太阳能热水器在住宅建筑中的应用起到了重要作用。

（四）国外相关工程案例

欧美国家的太阳能热水利用不局限于居民家庭的生活用水,政府还把太阳能热水作为市政热水供应的一部分,通过建造规模化的太阳能工程提供城市热水,像德国、丹麦等国都建有大型的太阳能供热工程,如丹麦 Marstal 太阳能供热采暖工程是世界上最大的太阳能供热采暖系统,太阳能集热器设置在大面积空地上,集热器面积 1.83 万 m^2,与社区热力网连接,年热负荷 28GWh/年,同时使用 2 100m^3 水箱、4 000m^3 水容量沙砾层及 10 000m^3 地下水池蓄热。德国汉堡的 Bramfeld 区域供热工程,是一套区域供应热水和季节性供暖系统,覆盖由124 套别墅组成的几个街区,太阳热水系统作为燃气锅炉的辅助能源系统一起共同保证热水和供暖的供应[2]。该套太阳能热水系统为小区供应年平均热负荷的 50%,包括集成安装在 18 个屋顶上与区域供暖系统相连接的 3 000m^2 的集热器和一个部分埋在地下的 4 500m^3 季节性贮热池。

二、国内相关研究与发展

（一）我国太阳能热水器技术发展历程

我国太阳能热水器行业相对其他国家而言起步较晚,但由于太阳能热水器行业技术含量并非很高,再加上国家重视和需求庞大,因而产业发展非常迅猛。太阳能热水技术是我国在太阳能热利用领域技术最成熟、依赖国内市场产业化发展最快、市场潜力最大的技术,具有自主知识产权,也是我国在可再生能源领域唯一达到世界领先水平的自主开发技术。根据相关资料,迄今为止太阳能热水器行业主要经历了三个发展阶段。

1. 起步阶段（20 世纪 50 年代—70 年代初）

我国对太阳能热水器的开发利用始于 1958 年。当时由天津大学和北京市建筑设计院研制开发的自然循环太阳能热水器,分别用于天津大学和北京天堂河农场的公共浴室,成为中国最早建成的太阳能热水工程。但由于受当时计划经济背景、住房分配制度等因素的影响,后来的发展速度十分缓慢,除有少数个别的应用项目外,太阳能热水器的制造产业完全是空白。

2. 产业化形成阶段(20世纪70年代末—90年代初)

20世纪70年代末受世界能源危机影响,太阳能热水器作为一个新兴的新能源产品出现,得到政府的重视和支持,并逐步发展壮大。80年代,我国在太阳能集热器的研制开发方面取得了一批科技成果,直接促进了我国太阳能热水器的产业化成长和家用太阳能热水器市场的形成。其中最重要的成果是光谱选择性吸收涂层全玻璃真空集热管的研制开发。

1979年,中科院硅酸盐研究所、清华大学等单位分别研制成全玻璃真空集热管雏形。特别是以殷志强教授为首的清华大学课题组,于1984年成功研制开发了用于太阳能真空集热管、具有自主知识产权的专利技术——磁控溅射渐变铝－氮/铝太阳能选择性吸收涂层,并积极推动该项成果的不断创新、应用及产业化,使我国在太阳能热水器的核心技术方面达到了国际领先水平。

3. 快速发展、推广普及阶段(20世纪90年代末至今)

我国的太阳能热水器产业进入20世纪90年代后期以来发展迅速,太阳能集热器生产企业有3 000多家,骨干企业100多家,其中大型骨干企业20多家。生产量由1998年的350万 m^2/年增长到2008年的3 100万 m^2/年,热水器的总体保有量由1998年的1 500万 m^2 增长到2008年1.25亿 m^2,年平均增长率分别为25%和24%,每千人拥有的太阳能集热器面积达到96m^2。对于三类家用热水器(电、燃气、太阳能)的市场占有率,太阳能热水器已占50.8%。目前我国是世界公认最大的太阳能热水器市场和生产国,太阳能热水器的总产量和保有量世界第一,占世界总使用量的比例超过50%。

目前,我国拥有13亿人口,3.5亿个家庭,若每日每户供应60℃热水100L,全年需6 643亿度电,几乎用掉全国年发电量的一半,电费约为4 000亿元,费用极大。而与燃气热水器、电热水器相比,太阳能热水器的应用恰恰起到了节能、省电、省钱的功效。据测算,按中等日照条件,太阳能热水器每平方米采光面积每天获得的有效热能11.5MJ。按使用期的不同,以一台1m^2采光面积的太阳能热水器和使用其他能源的热水器相比,一年的能源节省量十分显著。同时,消费者的消费观念也正在发生变化,对环保、健康等问题越来越关注,太阳能热水器的环保优势对消费者有很大的吸引力。目前国内城市家庭中,热水耗能占总耗能的 15%,从热水器类型拥有比例看,57.4%拥有燃气热水器,31.3%拥有电热水器,拥有太阳能热水器的只有 7.6%,但在城市家庭的购买预期调查中,三者的比例将演变为 35.8%、30.2%和 23.2%,太阳能热水器的比例开始增长,成为热水器市场的后起之秀。

《2000—2015 年新能源和可再生能源产业发展规划要点》中对太阳能热水器的具体规划是:到 2015 年全国家庭住宅太阳能热水器普及率达 20% ~ 30%。

随着近年来太阳能热水器(系统)必须与建筑结合的理念在太阳能利用学术界、产业界和建筑业界达成共识,并得到国家发改委、建设部、省市建设厅等各级政府机构的大力支持。包括浙江、江苏、广东、山东、青海、上海等省市先后在太阳能建筑一体化设计与应用方面制定推出了相关的政策措施,强制规定或建议在 12 层以下的新建住宅中对太阳能热水系统进行同步设计和施工;鼓励在高层住宅中采用太阳能热水系统,并采用试点形式逐步推广。而在实际推进太阳能热水系统与建筑一体化过程中,也已经取得了一大批成果和实质性进展。

然而,太阳能热水系统的建筑一体化在各地发展还很不平衡,并存在一些认识上的误区,同时仍有相当多的技术问题亟待解决。大部分建筑设计院和房产开发商对太阳能热水系统和建筑一体化关注较少;一些太阳能热水器生产企业对建筑一体化的认识也还停留在概念上,导致太阳能行业和建筑业无法达成较好的共识,在一定程度上削弱了双方的合作。总体而言,有以下三方面原因:

1. 太阳能热水器市场尽管竞争激烈,但总体销售依较为旺盛,在目前销售前景良好的大环境下,部分太阳能生产企业对建筑一体化所需要投入的产品改型或开发新产品、投入新技术缺乏动力,造成太阳能系统无法做到建筑一体化所需的构件化要求。

2. 创作是建筑设计的主体,过去很多专业建筑设计机构基本上都没有参与过太阳能热水系统的设计,缺乏实际对太阳能收集系统和产品的了解,并且也缺乏适当的模型参数。在设计中,如不使用太阳能热水,制造商可以针对不同的气候条件和不同的季节在产品样本中提供更准确的热水生产,这将使设计师感到不可靠,并对缺乏根据的设计缺乏热情。

3.投资与建筑物集成的太阳能热水系统的初始投资必须由房地产开发商承担。如果不断上升的开发成本不能促进房屋销售,并且随后的产品应用管理可能导致与业主的分歧,那么这也将影响开发商的投资热情。

我们可以发现太阳能热水系统在促进建筑一体化中存在的问题,通过太阳能行业和建筑行业的相关合作与共同努力,我们要发挥各自的优势,解决好这些问题,特别是对于联排别墅和镇上的别墅。这样,在低层住宅以及多层和小型多层住宅的设计上,其建筑的类型和太阳能热水系统的特征将更加突出,更易于实现整合并最大限度地利用现有资源。然而,在高层公寓的建筑中实施集成太阳能仍然存在许多困难,还需要更多的技术创新和改进[3]。在这一阶段,高层住宅建筑的综合设计研究仍处于项目测试和论证的初期阶段,与之相关的理论研究也更少。在多层建筑中推广和实施太阳能热水系统的研究也仍然不足。根据目前的应用情况,我国建筑中太阳能热水的使用主要存在以下问题:

①多层住宅的屋顶面积十分有限,人口密度较高。屋顶的空间不具备所有居民安装太阳能集热器的能力。如果将集热器安装在立面上,则根据建筑物当前的太阳能空间,低层居民的集热器将无法获得足够的阳光,这将严重影响系统的效率和舒适性。

②在建筑物设计之初,并未充分考虑太阳能收集器的安装位置,并且收集器与建筑物的图像没有协调。考虑到建筑物的美观性,牺牲了系统模型的基本原理,并增加了辅助能源的使用比例,从而实现了太阳能热水系统的"节能且省钱"。

③有些项目使用太阳能热水系统作为预装或待开发项目的初始,导致产品规划、设计和土建的工程无法同时进行,这不仅会增加建筑成本和安装成本,还会导致太阳能采暖由于设计不充分和不合理。水系统的安装不规范,会损坏一定的建筑结构、防水结构和隔热层,从而导致质量和安全隐患,例如雨水泄漏和高海拔坠落。

第二节 家用热水器市场的研究调查

一、三类家用热水器的比较分析

当消费者购买热水器时,首先考虑的是品牌问题,他们还会对不同的类别进行选择,包括燃气热水器,电热水器和太阳能热水器。不过,也正是由于这三种不同类型的热水器之间的竞争,使得热水器的市场才有可能得以持续发展。使整个热水器市场逐步进入了增长阶段。

在激烈的市场竞争中,电热水器和燃气热水器一直是城市家庭实现获得热水的首选。根据目前的研究,市场上有许多主要品牌的电热水器受到了一定消费者的青睐,例如阿里斯顿、AO 史密斯、西门子、海尔、美的、万家乐等。产品的类型主要分为储水式电热水器、即热式电热水器、速热式电热水器。燃气热水器的市场主要由马克罗、林内、樱花、华帝、阿里斯顿、AO 史密斯等主要品牌占领,这是因为燃气热水生产速度快、体积小、易于室内安装且产品价格相对较低。与电热水器等相比占有优势,也受到消费者的青睐。

太阳能热水器作为新兴产物,具有电热水器和燃气热水器在节能环保方面无与伦比的优势,三种热水器对比情况见表 1-1。随着国家对节能环保产业的日益支持,太阳能热水器具有巨大的发展潜力。近年来,由于缺乏电力、燃气等资源,能源价格上涨,导致太阳能热水器在市场上突然出现,打破了燃气和电热水器占据较大市场份额的局面。目前,我国有 3 000 多家太阳能热水器制造商,但只有 31 家的年销售额超过 500 万元。该行业前十名的制造商仅占据约 17%的市场份额,行业集中度较低。很少有人能够实现真正的先进技术和规模经济。但是,中国的太阳能热利用市场也有一些先驱者。例如,清华阳光、山东的皇明和力诺瑞特都非常重视科学技术研究和技术开发与改造,在生产和技术研究上投入大量资金,并逐步引进国际先进技术以满足生产要求。具有国际规范和标准的产品有望成为该行业的领先企业。

我们在调查热水器市场的同时,各个研究小组也充分利用条件,对杭州市 213 户家庭进行了问卷调查。以便更加清楚地了解有关家用热水的当前使用和需求的更多信息。根据本次的研究和调查结果,发现在被调查的 213 户家庭中,57.8% 的家庭已经拥有电热水器,21.8% 的家庭拥有燃气热水器,19.1% 的家庭拥有太阳能热水器,而拥有水源的热泵的热水器占 1.3%。此外,从调查结果来看,约有 80.9% 的不使用太阳能热水器的家庭中,安装空间不足是限制居民大规模使用太阳能热水器的主要原因,占 44.3%。在购买意向的各种调查中,有 50.6% 的被调查家庭决定使用太阳能热水器[4]。

表 1-1 三种热水器对比情况表

品类	主流品牌	优点	缺点
电热水器	西门子、海尔、美的、AO 史密斯、万家乐、阿里斯顿、万和等	产品形式多样;干净卫生,使用方便,可实现多路供水;不受季节影响,可实现智能人性化控制	产品外形体积较大;储水式热水器需提前预热,加热时间较长
燃气热水器	AO 史密斯、美的、万家乐、林内、樱花、海尔、华帝等	体积较小,便于安装;出热水快,用水不受时间限制	对使用环境及安全性能要求较高,须安装在通风条件好的地方
太阳能热水器	皇明、清华阳光、华扬、太阳雨、亿家能、力诺瑞特、天普等	节能、环保、安全;使用成本较低	初期投资成本较高;受天气影响较大;需要合适的安装孔

二、国内主流品牌的太阳能产品形式

(一)太阳能热水系统形式

当前,国内的太阳能热水市场需要逐步加深对太阳能的使用,其形式也相对单一。总的来说,生活热水需求是主体。在一些大中型项目中还包括暖气和游泳池热水的需求。

此外,对于住宅建筑物,国家和地区的新太阳能政策强制或鼓励在新住宅建筑物中开始使用太阳能热水。同时,随着各种不同节能意识的增强,现有公寓楼的大量用户也正在自发地采用太阳能热水。因此,太阳能将形成一个以小型家用太阳能热水器为主导的大型项目,集热面积为数百甚至数万平方米,呈现出大大小小的边缘呈马鞍形分布状态。

基于以上特点,目前现有市场上太阳能热水器系统的形式大致可以分为以下几种:一方面,需要满足单用户的使用目标,这个仍然是集成太阳能应用的主要发展形式。在家用热水器中,由热水隔开的太阳能系统(集热器与热水储水箱分开)可以将集热器灵活地放置在屋顶、阳台、墙壁等区域上,并且可以将热水的储水箱灵活地放置在房间中的任何地方。另一方面,一些新的住宅建筑已开始在太阳能政策的指导下大规模引入太阳能热水系统。为了最大程度地利用太阳能,通常采用集中供热。热量是主要形式,即集热器采用分组形式来形成单元或建筑物的整体划分,而储热系统则采用集中供热方法(家庭供热计量)或由家庭单独进行储热。

（二）集热系统

家用太阳能集热器大致主要分为两类:平板型和真空管型。根据一些领先的太阳能制造商的应用和当前的产品情况来进行分析,平板型集热器的市场份额现在在我国只占不到5%的氛围,真空管集热器气的市场份额超过95%。其中,除常规的全真空的玻璃管外,该系列真空管集热器产品还生产了真空管热管和U形真空管集热器,具有较高的集热效率。

（三）传热系统

在中国,普通的太阳能热水器系统的传热主要是直接传热,即在集热器中直接加热水来进行供热。这样生活用水自然也就十分容易被污染,集热器容易结垢,不利于防冻。现在,越来越多的系统开始使用间接传热,即使用二次水来加热生活用水。尽管热效率会降低,但可以避免水污染、结垢等相关问题。

三、部分太阳能生产企业的调查

通过前期的市场调研,目前杭州地区的太阳能热水器市场应用较为广泛,市民认知度相对较高,太阳能品牌主要包括力诺瑞特、明帝、天普、舜宇和清华阳光。在这里,我们将调查一些目前在杭州市场上将太阳能热水系统与建筑物结合在一起的太阳能品牌,以便对太阳能生产和太阳能生产过程中太阳能生产企业的最新发展有一个初步的了解。

(一)力诺瑞特

山东力诺瑞特新能源有限公司是由力诺集团和德国的 Paradigma 公司共同投资成立的中外合资企业。它于 2001 年 7 月正式注册以及成立。它是一家集科研、生产、销售和国际贸易于一体的综合性企业,是亚洲最大的太阳能制造商。该公司在济南、濮阳和上海拥有三个国内生产基地,在古巴设有一个海外生产基地。它拥有按照国际标准建造的专业太阳能生产车间,面积达 80 000 平方米,拥有年产 500 万个太阳能热水器和 150 万平方米的太阳能集热器的生产能力。2009 年,引入了与《财富》全球 500 强同步的 SAPERP 信息管理系统,以实现整个生产过程的精益管理。

同时,力诺瑞特拥有合作方德国 paradigma 公司世界领先的、三代以上的技术储备和国际太阳能热利用技术专家;拥有一支高素质、高效率、适应市场需求的研发团队;拥有世界领先的多太阳能综合应用技术;拥有行业内近百项技术专利,形成自主知识产权,参与行业内多项标准编制研究;拥有世界上先进的太阳能工艺、设备和技术,全自动生产线,CPC – U 型集热器生产线均达到欧洲最高标准并达到国际先进水平。

作为国内太阳能行业"太阳能与建筑一体化"的领先公司,力诺瑞特一直致力于降低中国建筑的能耗发展。

在促进太阳能与建筑一体化的过程中,力诺瑞特提出在中高温领域将发展太阳能热的相关应用。通过标准化的图集和标准,可以实现太阳能产品和建筑物同步设计,同步施工,同步验收和同步后期管理;实现多领域、多温区、多层次、多用途的多元化应用;实现高智能、高效率、高舒适度和高可靠性;太阳能产品的推广模式实现了建筑部件产业化、集成化、标准化和模块化的目标。

目前,力诺瑞特的太阳能在杭州地区的主要项目包括:新湖香格里拉社区(别墅)、西溪风情社区(别墅)、宝源泽迪的社区(多层、小高层)、绿城翡翠城社

区等。

(二)天普太阳能

天普太阳能是我国最早生产集热玻璃管的公司之一,也是我国最大的太阳能公司之一。它在玻璃和 500 000 太阳能热水器上的年生产能力为 1 000 万个真空管,并且在澳大利亚、美国、加拿大等国家拥有 20 多个研发和制造基地。并通过了 ISO9000、ISO14000、OHSAS18000 等国际质量、环境以及职业健康安全管理体系认证。

天普拥有多项获得专利的真空管技术,第一支全玻璃真空收集管 $\Phi 47 \times 1$ 500 和 $\Phi 58 \times 1$ 800(现已成为国家标准管),并已开发了多项发明专利,包括螺旋管、圆形储水罐等。它还与来自德国、法国、意大利和其他欧洲国家的太阳能专家合作,开发智能和全自动太阳能热水项目,该项目可以实现太阳能系统的全自动和智能运行以及 24 小时热水供应。

北京天普集团浙江分公司在杭州地区已投入运营的项目主要包括杭州仙林金都雅苑(排屋)太阳能热水工程、杭州市人民政府杭州太阳能热水工程和浙江大学浙江热水工程用水等。

(三)皇明太阳能

皇明太阳能作为当前世界太阳能行业的领导者,年推广集热器 300 万平方米,相当于欧盟的总和,是北美的两倍还多。它是中国驰名商标,也是中国环保标签产品。主要提供太阳能的热水器(家用热水解决方案)、太阳能热水系统(单位集体热水解决方案)、太阳能高温热发电、太阳能空调等。

目前,皇明拥有 215 项国家专利,承担并参与了国家"863"项目、国家科技攻关计划和国家"火炬计划"等 22 个国家项目,掌控着干涉镀膜、高温热发电、海水淡化等核心技术。2009 年,皇明推出了世界领先的太阳能技术——3G 太阳能技术,该技术融合了超大热水量、全天候、全方位热水等多种功能,实现了太阳能的全自动运行,打破了传统太阳能客户根据国际标准提供最佳热水生活系统解决方案,并实现太阳能热水供应、供暖和太阳能冷却技术的完美结合。

(四)清华阳光太阳能

该公司目前拥有大型真空集热管生产基地和国际领先的太阳能热水器自

动化生产线。它是一家现代化的标准化企业。公司已完全通过了 ISO9001：2000 标准质量管理体系认证。清华阳光集热器通过了"EN12975"标准，并获得了欧洲标准 SolarKeymark 认证。

清华阳光太阳能主要是由清华大学子公司清华的控股有限的公司控股的高科技企业。1984 年，清华大学诞生了世界上第一个带有选择性吸收涂层"AIN/AI"的全真空太阳能集热管"Sun Music Tube"，清华阳光成为了中国广泛的用于热能的太阳能核心技术的创始人。经过技术创造者的不懈努力，以尹志强教授为首的清华阳光研发团队研发了新一代紫金的全玻璃固体热管真空管集热管。紫金灯管性能卓越，被国际太阳能行业评为"东方的魔术灯管"。2004 年，第二代"子金 TT"全玻璃真空太阳能集热管诞生了，它采用了"三管"管技术和与紫金超限涂层两大尖端技术，引领太阳能热利用进入一个全新的时代。

第三节　常用集中式太阳能热水系统比较

太阳能热水系统的选择和建模是现阶段实现太阳能与建筑一体化的重要组成部分。在设计过程中，不仅要考虑建筑物的美观，合理设计出现有集热器的安装位置，还要兼顾建筑物的功能及其采暖。太阳能热水系统类型的选择要充分考虑环境、气候、太阳能资源、常规类型的辅助能源以及可用条件、建筑条件和许多其他因素，比较性能、优缺点、不同类型的太阳能热水系统的成本并进行经济和技术分析。经过全面比较后，选择并确定可行且具有成本效益的太阳能热水系统类型。

当前，我国的太阳能热水系统根据构造的不同形式，具有多种分类形式。我们需要考虑的是如何选择适合高层住宅的太阳能系统，太阳能集热器在高层住宅中，可以安装在建筑物顶部，这样既不会影响建筑景观，也不受建筑物走向的限制，可以达到系统最佳的集热效果。在正确使用太阳能方面，所有高层公寓大楼的居民都应能够享用太阳能热水，系统高层住宅建筑的太阳能热水系统应适合物业管理，避免业主与物业管理之间的冲突。从建筑一体化角度考虑，系统的各个部件应能够巧妙融入建筑中，使之成为建筑组成的一部分。

课题组通过大量的调查研究，比较当前居住建筑中使用较多的几种太阳能热水系统形式(主要为分户集热、分户储热式;集中集热、集中储热式;集中集热、分户储热式等形式),认为随着目前中、高层建筑的不断增多,其具有人口居住密度较大而屋面面积有限的特点,若采用分户集热、分户储热方式,一方面会造成循环管路众多,大量侵占室内空间,建筑一体化程度大受影响;另一方面系统收集的太阳能资源不能得到共享,不利于太阳能热水系统总体效益的提高。集中集热方式的太阳能系统能够避免分户式集热方式所带来的种种问题,最大限度地利用太阳能资源,使集热面积得到充分利用,实现集热器矩阵的整体性或区域性灵活分布,系统整体运行更加稳定,因此可以降低物业管理难度及维修频率。对于用户而言,使用的住户数量越多,系统公共部位产生的公摊费用越低,用户使用则更加经济。另外,在目前无法很好解决今后热计量收费管理问题的情况下,分户储热的太阳能热水系统比较适合中、高层住宅,尽管投资成本有所增加,但与当前商品住宅价格相比尚在可接受范围内,总体而言,是目前建筑一体化进程中值得推广应用的系统。随着太阳能行业的不断发展成熟,太阳能热水系统的造价也将趋于下降,其性价比将更高。通过上述简单比较,并结合示范工程的实际情况,最终选用了集中集热、分户储热的太阳能热水系统。

第二章　太阳能热水系统简介

第一节　太阳能热水系统的组成

为便于太阳能热水系统设计和施工安装从业人员全面深入地理解本书工程案例的发生过程、案例问题的分析处理,在展开后面各章节内容并进行太阳能热水系统设计、施工安装工程案例分析点评前,将太阳能热水系统的组成、分类、设计、施工安装、运行维护的要点和主要内容在本章中向广大读者作简要概述。通过本章简述,让读者建立起太阳能热水系统清晰的概念,构建太阳能热水系统设计、施工、运营全过程立体图像。

太阳能热水系统的形式多种多样,系统组成也千差万别。典型的太阳能热水系统构成主要包括:太阳能集热系统,贮热系统,辅助加热系统,末端热水系统,管道、水泵及附属配件系统,自动控制系统等。图2-1是太阳能热水系统组成示意图,本图基本反映了太阳能热水系统的结构组成和各组成部分之间的相互关系。

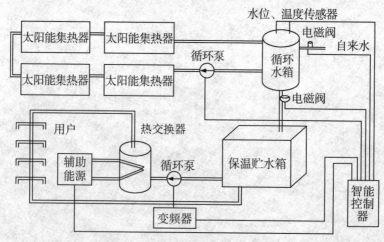

图2-1　太阳能热水系统组成示意图

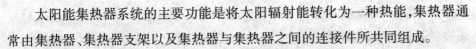

太阳能集热器系统的主要功能是将太阳辐射能转化为一种热能,集热器通常由集热器、集热器支架以及集热器与集热器之间的连接件所共同组成。

蓄热系统的主要功能是储存从太阳能集热系统接收到的来自太阳辐射的热能,以便在需要时使用。在太阳能热水系统中,常见的情况是利用热水箱储存热水,实现热能的储存。它通常由热水箱、支架等组成。

辅助加热系统的主要作用是弥补太阳能产热水不足时的热能补充,以保证热水或热能供应。它一般采用燃气锅炉、电锅炉或蒸汽锅炉、电加热器、热泵、热力或蒸汽管道及其他供热可靠的设备或装置作为辅助加热器。

末端热水系统的主要作用是满足终端用户使用热水或热能的需求。末端热水系统主要为热水淋浴装置,这个主要用于双管冷热淋浴系统或单管恒温淋浴系统。

管路、水泵及附属配件系统的主要作用是建立热能或热水传输通路,把太阳能集热系统和辅助加热系统的热能或热水传输到贮热系统,把贮热系统的热能或热水输送到末端热水系统。它一般由热水循环管路、循环泵、供水增压泵、起调节或关断作用的阀门、管道保温等部分组成。

自动控制系统的主要作用是通过对太阳能热水系统运行状态参数的监测和收集,自动控制水泵的启停、辅助加热的投入、管道阀门的调节关断等。使系统按照事先设定的逻辑关系实现自动运行。监测的太阳能热水系统运行状态参数主要有温度、水位、水压,监测的参数通过信号传输系统、信号采集系统、数据显示系统进行处理后发出指令,完成对太阳能热水系统自动运行的控制动作。为保证太阳能热水系统安全运行,自动控制系统还需配置应急手动开关按钮,当自动控制系统失效后可立即起动手动开关按钮控制太阳能热水系统继续运行或停止。为方便集中操作,还可对系统采取就地或远程监控的方式。

一、太阳能集热器

(一)平板集热器

平板集热器具有可靠性、耐压性,在低温区域的热效率高,易于与建筑物整合以及使用寿命超过 25 年等优点。近年来,随着人们强调可靠性和与建筑物的集成,越来越多的项目采用了平瓦式集热器。预计在未来几年中,我国对平板瓷砖收集器的需求将继续增长。

平板集热器不防冻,可在冰冷的区域中使用。当前,有两种主要的防冻方法:一种是将防冻剂用作传热的工作环境,以解决防冻问题。另一种是直接加热水,但采取回流防止结冰的方法来解决防冻问题。

国家标准《平板式太阳能集热器》(GB/T 6424—2007)规定:平板式集热器的即时出水效率应不小于 0.72,总热损失的系数应不大于 6.0W/(m² · ℃)。近年来,平板集热器在吸热膜、透光盖、储热和密封技术上的技术水平已大大提高。高性能平板瓷砖集热器的立即窃听效率已达到 0.80,总热损失的系数已降至 4.5W/(m² · ℃)以下。目前,国内需要正规生产商生产的常规平瓦集热器的立即窃听效率通常在 0.75 以上,总热损失系数通常在 5.5W/(m² · ℃)以下。

平板式集电器的吸膜基材主要包括铜和铝。由于成本原因,大多数使用的铝基板。有多种类型的吸热膜,例如氧化膜、黑镍膜、蓝膜等。不同膜层的吸收率主要在 0.90 至 0.95 之间,并且其自身的发射率在 0.06 至 0.2 之间。其中,在这里面,蓝色薄膜具有最低的发射率和最佳的性能,但其自身的价格更昂贵。工作流体通道大约是铜管,该管的外径通常是在 8—10 毫米的之间,而泵头的外径主要是 22 毫米。平板收集器的原理图如图 2-2 所示。

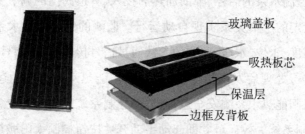

图 2-2　平板收集器的原理

(二)真空管集热器

真空管集热器的热量损耗低,在中温区的热效率高。国家标准《真空管式太阳能集热器》规定,无反射器的真空管式集热器的瞬时效率截距应不小于 0.62,总热损失系数应不大于 3.0W/(m² · ℃)。

1. 全玻璃真空管集热器

全玻璃真空管的集热效率高,成本低。在冰冷的地区,水可以直接用作传热介质而不会发生冻结。它是目前我国使用最广泛的太阳能集热器。预计在未来一段时间内,它仍将是使用最广泛的品种。

普通的全玻璃真空管收集器通常只能承受 $5mH_2O$ 的压力,并且高炉管漏水存在许多问题。应特别注意集热系统的设计和安装。全玻璃真空管收集器的示意图如图 2-3 所示。

图 2-3 全玻璃真空管集热器示意图

2. U 形集热器

U 形集热器主要是折叠式放置在全玻璃的真空管集热器的每个真空管中的 U 形铜管流道,传热工作介质在 U 形铜管中流动,完全解决了全玻璃真空管的漏水问题。U 型管集热器可以承受 20 MPa 以上的测试压力,工作压力一般控制在 0.6MPa 以下。

现阶段 U 形集热管成本高,而且本身的电阻大,容易出现局部过热的问题。设计时要注意。

U 型管集热器的示意图如图 2-4 所示。

图 2 - 4　U 形管集热器示意图

3. 全玻璃真空管插入式热管集热器

全玻璃真空管插入式热管,是放置在全玻璃真空管集热器的每个真空管中的热管,并对全玻璃真空管进行改造吸收太阳光后,通过热管将热能传递到上部热管的冷凝端,然后通过冷凝端传递到集管流路中的传热工作流体。工作流体循环,然后将热能传递到需要的地方。该方法还解决了全玻璃真空管爆炸管漏水的问题。插入全玻璃真空管中的热管集热器也可以承受较高的工作压力,但通常控制在 0.6 MPa 以下。

插入全玻璃真空管中的热管集热器的热管存在着热效率逐年下降的问题。在设计和运行后,有必要考虑这部分热效率衰减后的补救措施,并有所保留。插入全玻璃真空管中的热管收集器的示意图如图 2 - 5 所示。

图 2 - 5　全玻璃真空管内插热管集热器示意图

4.玻璃金属热管集热器

在玻璃金属热管中的集热器,用于吸收热量的太阳火焰将吸收的太阳能转换成热能,并将其传递到玻璃上热管冷凝器的末端。然后,玻璃热通过热管,通过冷凝器的末端传递到收集器单元。头部流动通道中的传热工作介质在工作环境中循环,然后将热能传递到需要的地方。

玻璃金属集热器冷凝的边缘与集热器头之间的热交换效果受安装条件的影响很大。图2-6a的键合方法具有低电阻,但传热效果也是较弱的。图2-6b所示的连接方法具有高电阻,热管集热管和头管难以拆卸,并且这种类型的集热器还具有高成本的问题。

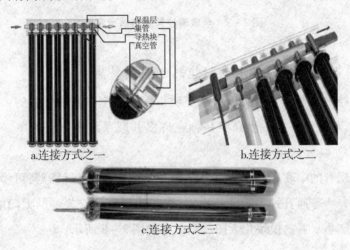

a.连接方式之一 b.连接方式之二

c.连接方式之三

图2-6 玻璃-金属热管集热器结构组成示意图

5.与其他两种类型热管的集热器相比,全玻璃热管集热器是一种现有的工作工具,可直接将全玻璃热管的冷凝端插入并将其浸入集热器头中(通常浸入水中),头部中的水将会被直接加热。其他类型热管集热器的热管冷凝端必须通过铜套或导热的铝块传递热量,以将工作流体加热到头部。因此,玻璃热管集热冷凝器端部到头部顶端的传热效率高,头部结构简单,玻璃热管的成本比要比其他热管低。

全玻璃热管集热器可以解决抽真空管集热器所有窗户漏水的问题,与全玻璃热管集热器相比,成本增加有限,这是其最大优势。

因为玻璃收集器热管的冷凝段比玻璃长一些，所以是把全玻璃热管冷凝端直接插进入并浸没在集热器联集箱中，并且头的玻璃性能也是最差的。而且，其耐压性更强，在压力下存在变形的可能。因此，提高玻璃热管集热头的承压能力是当前全玻璃热管集热器的迫切需要解决的问题之一。如图 2-7 所示。

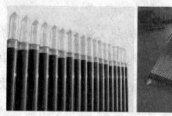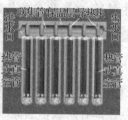

图 2-7　全玻璃热管集热器示意图

（三）不同类型的单水太阳能热水器的特点

我们经常会遇到太阳能热水系统项目使用多个串联和并联的太阳能热水器。因此，下面还将进一步介绍一种在许多并联系统中常用的单一太阳能热水器。

根据现有的串联和并联使用太阳能热水器工程的实际需要，可将单个太阳能热水器分为普通开式太阳能热水器、水箱中带有热交换器的太阳能热水器、水箱太阳能热水器。模块化太阳能采暖等如图 2-8 所示。

a.普通敞开式太阳能　　b.水箱太阳能热水器　　c.水箱中带有热交换
热水器　　　　　　　　　　　　　　　　　　　器的太阳能热水器

图 2-8　三种类型的单台太阳能热水器示意图

1. 普通开式太阳能热水器

普通开式太阳能热水器是指太阳能热水器的储热水箱向大气敞开，必须在无压力的情况下按照开放系统进行安装和使用。在使用中,太阳能热水器通常放置在较高的地方,热水储罐与热水端之间的高度变化所产生的压力被用作淋浴设备的热水压力源。因此,这种类型的系统热水压力取决于太阳能热水器的安装位置和热水终点之间的高度差。不同的高度差拥有不同的热水压力。当太阳能热水器的安装位置低于底部的热水点时,需要一个放大器泵来解决高处的热水供应问题。当前,大多数这种类型的太阳能热水器是具有真空管的太阳能热水器。

普通开式太阳能热水器成本低廉,但使用热水时,必须及时向热水箱中添加自来水,热水压力低,与自来水的压力差较大,且混合冷热水时,调节温度并不容易,打开的储热水箱中的热水与大气连通。从理论上讲,存在水质污染的可能性。

2. 水箱太阳能热水器

水箱太阳能热水器是指太阳能热水器为加压水箱,储热水箱内的水不与大气连通,处于密闭状态。自来水压力不会释放,而是直接传输到热水系统。热水压力取决于自来水压力,以将热水分配到两端的热水点。

由于水箱已关闭,且存在一定的压力,因此不会释放系统压力。一旦将压力的释放连接到现有的大气开放式储水罐,便无需施加新的压力即可将热水供应到高处,因此可以实现最大节能效果。压力水箱中的热水和自来水的压力相等,在混合冷热水时方便调节温度,并且每次需要消耗热水时都无需在水箱中重新装满自来水。水箱中的热水处于密闭状态,水质不易污染,安全性高,可以更好地满足饮用水法规的水质要求。因此,随着我国人民生活水平的逐步提高,封闭式带压太阳能热水系统在未来将越来越多地被使用。

3. 水箱中带有热交换器的太阳能的热水器

在水箱中带有热交换器的太阳能热水器是指在普通太阳能热水器的热水储罐中安装热交换器装置。而且不使用时,自来水浸没在水箱中。内部热交换器管道快速流动和加热,并直接输送到两端的热水点。这种形式的水箱中的水仅用作蓄热工作的一种工具。

这种太阳能热水器巧妙地解决了普通敞开式太阳能热水器存在的问题。热水供应具有水箱承压太阳能热水器的热水供应优点,且自来水流经水箱内的换热器后,直接被加热使用,因此热水水质健康。这种太阳能热水器的成本比水箱承压太阳能热水器低,比普通开式太阳能热水器高,是一种综合性能较好的太阳能热水器。这种太阳能热水器水箱内的水温加热区间比其他类型产品高20~30℃,因此,在同等条件下,效率稍低,且要处理好使用过程中水箱内换热盘管通道结垢、泥沙堵塞等问题。

4.模块化大容量太阳能热水器

图2-9所示的几种太阳能热水器,是容量在500~2 000L的模块化大容量太阳能热水器。这种类型的产品也是近些年涌现出的一种新产品。这种太阳能热水器既有普通开式太阳能热水器的现有的形式,也有水箱内置换热器的开式太阳能热水器形式。

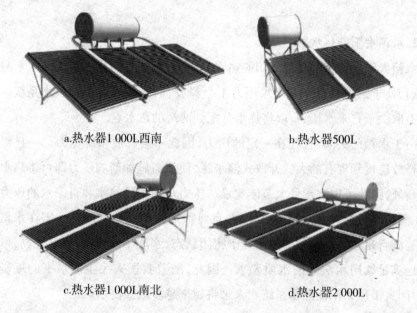

a.热水器1 000L西南   b.热水器500L

c.热水器1 000L南北   d.热水器2 000L

图2-9 模块化大容量太阳能热水器

这种类型的太阳能热水器可以作为一个单元存在的使用,也可以并行使用多个单元。与以前的低容量太阳能热水器相比,该产品使用多个并联的太阳能热水器组成一个太阳能热水系统,可以显著减少单个太阳能热水器的数量。成本较低,安装更方便。

受大容量加压水箱的生产以及运输和安装等不同因素的限制,该类型的太

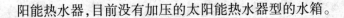

阳能热水器,目前没有加压的太阳能热水器型的水箱。

二、太阳能集热器选型原则

通过以上对不同太阳能集热器和单个太阳能热水器的优缺点分析,可以看出,太阳能集热器和太阳能热水器的选择应基于当前的项目条件和用户需求,这是选择太阳能的收集器和太阳能热水器的关键。

在实际应用中,由于设计者或使用者对不同的太阳能集热器和太阳能热水器的特性缺乏了解,因此有时会出现太阳能集热器和太阳能热水器选择不当的情况。精选的太阳能集热器和太阳能热水器的优势"无法得到充分利用",并且有许多案例未能充分利用优点并人为地避免了优势。这些失误值得让设计者认真总结并吸取教训。

第二节 太阳能热水系统的分类

一、按照集热器种类分类

按照采用的太阳能集热器种类的不同,一般把太阳能热水系统分为平板集热器系统(俗称平板系统)、全玻璃真空管系统、U 形管集热器系统(俗称 U 形管系统)、玻璃－金属热管系统(俗称大热管系统)、全玻璃真空管内插热管系统(俗称小热管系统)、全玻璃热管系统(俗称玻璃热管系统)、单机串并联系统等。

具体讲,采用平板太阳能集热器的系统称为平板集热器系统。采用了全玻璃真空管集热器、U 形管集热器、玻璃－金属热管集热器、全玻璃真空管内插热管集热器、全玻璃热管集热器的系统,分别被称为全玻璃真空管系统、U 形管系统、玻璃－金属热管系统、全玻璃真空管内插热管系统、全玻璃热管系统。单机串并联系统是指采用多台家用太阳能热水器串并联,组成的较大供热水规模的太阳能系统。

不同类型的集热器具有不同的特点,系统设计必须考虑所选用集热器的自身特点,扬长避短。不同类型的家用单台太阳能热水器串并联,也需要注意其各自不同的性能要求。

二、按照集热系统承压情况分类

按照集热系统承压情况,太阳能热水系统可以分为常压系统(俗称开式系统)和承压系统(俗称闭式系统)。

开式系统是指集热系统中集热器的流道与大气连通,且集热器所承受的压力不超过 $1kg/cm^2$ 的系统。闭式系统是指集热系统中集热器的流道密闭,不与大气连通的系统。各种类型的集热器均可用于开式系统,但不承压的集热器只能用于开式系统而不能用于闭式系统。

三、按照贮热水箱内的水被集热器加热的方式分类

按照贮热水箱内的水被集热器加热的方式,通常把太阳能热水系统分为直接系统和间接系统。直接系统是指贮热水箱内的水流过集热器流道,被集热器直接加热的系统。间接系统是指贮热水箱内的水通过换热器时被流过集热器流道的传热工质加热的系统。间接加热系统的传热工质可以是水,也可以是防冻液等。

四、按照集热器内流体的流动方式分类

按照集热器内工质或水的流动方式,通常把太阳能热水系统分为自然循环系统、强制循环系统、直流系统。

自然循环系统是指仅仅依靠集热器内传热工质的密度变化来实现传热工质循环的系统。强制循环系统是指依靠水泵或其他外部动力迫使传热工质实现循环的系统。直流系统是指需要加热的传热工质一次流过集热器后进入贮热装置储存备用或进入末端热水点直接使用的系统。上述传热工质可以是水,也可以是防冻液等。

五、按照有无辅助热源分类

按照系统有无辅助热源,太阳能热水系统可以分为单独太阳能加热系统和带辅助热源的太阳能系统。

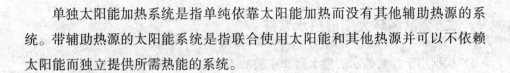

单独太阳能加热系统是指单纯依靠太阳能加热而没有其他辅助热源的系统。带辅助热源的太阳能系统是指联合使用太阳能和其他热源并可以不依赖太阳能而独立提供所需热能的系统。

第三节 太阳能热水系统的特点

一、自然循环太阳能热水系统

自然循环太阳能热水系统依然是一种利用太阳能使用系统中传热的工作介质。自然循环以及热量在集热器和储罐之间或完全存在于集热器和热交换器之间循环的系统。系统的循环功率是由密度的变化引起流体温度的时刻变化，从而导致热虹吸的逐步的作用。由于间接系统的高阻力，虹吸效应无法提供足够的压力，因此自然循环系统通常是直接系统。

在系统运行期间，假如是集热器中的水被太阳辐射能加热，温度升高，密度降低。于是，热水逐渐上升到集热器，并从集热器的上部循环管进入储水箱的上部。同时，储水箱底部的冷水从下部循环管流到集热器的底部。经过一段时间后，储水箱中的水形成可见的温度层，上部水首先达到可用温度，而后整个储水箱中的所有水都可以使用。

常用的自然循环系统可以分为两种：自然的循环和具有固定的温度和水功能的自然循环。具有连续温度释放功能的自然循环是自然循环热水系统的改进。它将自然循环系统的热水储水箱分成两个水箱。用于收集和循环热量的水箱尺寸小且易于加热。当小水箱的温度达到设定温度时，将水放入大水箱中，以确保大水箱中的水始终处于加热状态。

自然循环系统的优点是结构简单，运行可靠，不需要能源，成本低；缺点是要保持必要的热虹吸压力头，必须将储水箱放置在集热器上方，这有时会使影响建筑物的布局。它主要是指适用于家用太阳能热水器和中型太阳能热水系统，很少用于工程的实际应用。

二、强制循环太阳能热水系统

根据用于存储热水的集水器和水箱的不同类型,强制循环系统可以多种方式组合在一起。其中,开放式收集器系统收集器不处于与大气连通的压力下,而封闭式的收集器系统收集器不与大气连通,并且可以在压力下制成。另外,热水储罐可分为两种:敞开式的非压力保持器和封闭式压力保持器。

当使用热水时,密闭的水箱采用上水的方式,即在热水储存箱的底部添加冷水(自来水),并将热水储存箱的顶层推出使用;开放式压力水箱使用下降水的方法是依靠热水本身的重力从热水储水箱的底部掉下来使用。在强制循环的条件下,由于热水储罐中的水完全混合并且没有可见的温度分层,因此可以从上部水方法和水滴方法获得热水。与水滴法相比,上部水法的优点是在压力下喷洒热水可以提高用户的舒适度,并且无需考虑储水箱中的补水问题。缺点是从热水箱底部进入的冷水将与热水箱中的热水混合在一起。水滴法的优点是没有冷热水的混合,但是缺点是热水由于重力而掉落并影响使用者的舒适度,以及补给水以满足水的需求问题。考虑强制循环系统可以应用于各种程度的大、中、小型太阳能热水系统,是与建筑一体化的太阳能热水系统的发展方向。

三、直流式太阳能热水系统

直流系统是使用控制器使传热工作介质在自来水的压力或其他附加能量下直接流经集热器的系统。直流系统通常采用控制流量可变并在恒定温度下排水的方法。集热器入口管连接到自来水管。当收集器系统被太阳辐射的能量加热时,温度逐渐升高。安装在集热器出口处的温度测量元件,通过温度控制器控制集热器入口管。然后安装的电磁阀打开,集水系统中的热水在自来水流入后被推入热水箱中,当集热器系统的出口温度低于设定温度时,电磁阀关闭,补充的冷水留在集热系统中以吸收太阳能和热量。

为了避免对电磁阀和控制器的苛刻要求,某些系统在收集器的出口处自然也就安装了电磁阀。通常,电磁阀只有两种状态——打开和关闭。当集热器出口的温度已经达到一定值时,通过温度控制器打开电磁阀,热水从集热器出口流出,进入储水罐,同时向集热器中添加冷水直至集热器出口温度低于设定值时,关闭电磁阀,然后重复上述过程。尽管这种恒温释放的方法相对简单,但是由于关闭电磁阀的滞后,接收到的热水温度将低于设定值。当前的直流系统主要适合于大型太阳能热水系统。

在直流太阳能热水系统中,热水储罐也具有收集从集热器排出的热水的功能。如果在热水储罐中的储热性能良好并且其热量损失可以忽略不计,则系统的日常效率取决于一天中不同时间集热器的即时效率。

第四节　太阳能热水系统类型

一、按系统有无热交换器分

按太阳能热水系统有无热交换器,可分为直接式系统和间接式系统两种类型。直接式系统是指在集热系统中加热过后的水直接提供给用户的系统;间接式系统是指在集热系统与供热系统之间设有热交换装置,集热系统的工质经过加热后,通过热交换装置将热量传递给供热系统中的系统。直接式系统的热损失较小,但容易出现用水质量问题;间接式系统的用水质量能有较高保证,但系统阻力和热损较大。

二、按热水供应范围分

对于热水供应的范围,可分为集中式系统、集中－分散式系统和分散式系统。顾名思义,在集中式热水系统中,集热器、贮热水箱均集中放置,热水经过集中处理后送往用户;集中－分散式系统为集热器集中放置,贮热水箱根据用户分散放置;分散式系统为集热器、水箱均分散放置。

三、按系统循环的动力类型分

根据系统循环动力的不同类型,分三种类型系统,分别为强制循环系统、自然循环式系统、直流式系统。自然循环系统是依赖于受热流体温度不均匀,即流体密度不一致,从而导致热水循环流动的系统;直流式系统中的热水在集热器中加热到一定温度后,才能被放出并送入用户端使用,无法重新循环回到热水系统中;强制循环系统是指集热系统中使用循环水泵来使水流循环加热以达到热量需求的系统。

第五节 太阳能热水系统的设计

根据众多太阳能热水系统的工程案例,太阳能热水系统设计可主要归纳为系统集成方案选择和系统各部分设计计算两大部分。

一、系统集成方案选择

系统集成方案选择就是根据工程现场条件和用户要求,选择出最适合的太阳能热水系统。系统集成方案选择是太阳能热水系统设计的核心,是系统设计的灵魂。设计者在设计时考虑问题的出发点不同,最终所选择的太阳能热水系统也大有不同。另外设计者的阅历、设计境界、对太阳能热水系统的理解等都直接影响最终的选择结果。

二、系统各部分设计计算

系统集成方案确定后,就可以根据相关设计规范,对太阳能热水系统所包括的太阳能集热系统、贮热系统、辅助加热系统、末端热水系统、管道、水泵及附属配件、自动控制系统等进行设计计算。

有关这方面的设计计算,《民用建筑太阳能热水系统应用技术规范》(GB 50364 – 2018)、《太阳能热水系统设计、安装及工程验收技术规范》(GB/T 18713 – 2002)、《带辅助能源的太阳能热水系统(储水箱容积大于 0.6m³)技术规范》(GB/T 29158 – 2012)等国家标准已作相关规定,本书对此不再作详细论述。

三、太阳能热水系统施工安装

太阳能热水系统的施工安装主要包括承重基础、设备支架、集热器阵列、贮热水箱、末端热水设备、管道、水泵及附属配件、设备及管路保温、辅助热源、自动控制、安全防护等内容。有关施工的技术要求,《民用建筑太阳能热水系统应用技术规范》(GB 50364－2018)给予了详细说明,在此不作赘述。

理想状态下,只要施工人员根据设计图和施工规范进行安装,并控制好施工质量,就不会出太大问题。但目前我国太阳能热水系统行业的现状是:一方面,太阳能热水系统的深化设计多由太阳能热水器生产厂家或工程分包施工企业负责,设计方案多存在设计方案框架清楚,但施工节点不详细,施工技术要求不明确等问题;另一方面,施工安装人员对太阳能热水系统的专业理解很欠缺,甚至不看图纸或看不懂图纸,习惯于根据自己多年的施工习惯进行安装施工。造成系统设计质量和施工质量均普遍存在较多问题,实际效果不尽如人意。

本书不会过多阐述施工安装规范方面的内容,而将重点放在安装关键点和经常出错的安装点上,以提醒读者在设计施工时予以特别注意,避免发生类似错误。

四、太阳能热水系统运行维护

太阳能热水系统运行维护的好坏直接影响系统能否长期正常运行。由于运行维护不当,导致系统受损甚至瘫痪的案例时有发生。因此无论是专业的维保公司还是使用单位,都应该特别重视太阳能热水系统的日常维护。良好的运行维护可以及时将系统隐患或问题消除在萌芽状态,避免小问题酿成大问题,导致更大损失或不安全状况的发生。

有关不同类型集热器和单台太阳能热水器的特点以及对太阳能热水系统的具体影响,读者可通过后面的案例章节介绍进行了解,在此不再赘述。不管是个人还是使用单位,都应该特别重视太阳能热水系统的日常维护。良好的运行维护可以及时将系统隐患或问题消除在萌芽状态,避免小问题酿成大问题,导致更大损失或不安全状况的发生。

系统集成方案的选择是太阳能热水系统设计的核心和灵魂,其适用与否,关系到系统运行能否真正满足用户的实际需要。贮热系统是否具有足够的系统调节作用,太阳能热源不足时辅助热源能否顺利投入,自动控制系统能否准确监测数据并指示动作,系统管道设备和附属配件设计是否合理,施工质量是否优良,同样是影响太阳能热水系统正常、稳定、安全运行的最重要因素。在实际工程应用中,由于设计者或者施工安装者对太阳能热水系统组成、特点、适用性认识不足,导致太阳能集热器选型失误、系统集成方案不适用、贮热系统调节功能不够、辅助热源不匹配、自动控制系统功能不全或者维护不当,甚至造成太阳能热水系统运行失败的案例时有发生。在后面的各章节中将结合实际工程案例,对太阳能热水系统经常出现问题的原因、解决途径、处理办法进行详细分析,把处理过程中的一些心得体会、经验得失进行归纳总结,借此希望从事太阳能热水系统工程设计和施工的专业人员予以高度重视,避免类似错误在以后的工作中重复发生。

第三章 太阳能热水系统的施工

第一节 太阳能热水系统示范工程的设计

一、设计基本原则

通过国内外太阳能热水系统与建筑一体化设计的介绍可知,如果没有与建筑结合的一体化设计,太阳能热水系统将会对建筑外观产生不同程度的破坏,同时还会对建筑使用产生相关影响,自身也可能存在隐患。因此若不改变这种非一体化设计的后置设备安装现状,太阳能热水系统的大量使用最终会对建筑群体甚至城市的建筑风貌造成视觉污染和其他相关隐患,由此也必然影响太阳能热利用的长期发展。

太阳能热水系统与建筑一体化的概念和宗旨就是将太阳能热水系统与建筑充分结合并实现整体外观的和谐统一,其基本要求是:

1.建筑使用功能与太阳能热水系统的利用有机结合在一起。形成多功能的建筑构件,巧妙高效地利用空间,使太阳能成为建筑的附属部分。

2.同步规划设计,同步施工安装,节省太阳能热水系统的安装成本,一次安装到位,避免后期施工对用户生活造成不便以及对建筑物结构造成损害。

3.综合考虑建筑结构和太阳能设备协调、和谐,构造合理,使太阳能热水系统和建筑融为一体,不影响建筑的外观。

4.根据不同建筑功能要求可采用不同的太阳能系统形式,有利于节约能源。

基于以上针对太阳能与建筑一体化的基本要求,结合目前高层住宅建筑一般均以简洁大方造型为主的特点,应着重考虑其平立面、结构和造型规整性,遵循不破坏建筑风格的原则。

二、示范工程太阳能热水系统与建筑一体化设计

课题组在进行太阳能与高层住宅一体化设计的探讨过程中,结合示范工程的建筑特点及所选定太阳能热水系统的构造特点,课题组和建设单位多次与设计院、系统供应商等进行沟通研究。综合考虑多方面因素,提出了实现太阳能与高层住宅建筑一体化设计相对合理的应用方案。具体如下:

在建筑规划设计阶段就介入了相关太阳能与建筑一体化的前期工作,在对集热器构架进行设计时,考虑到高层住宅电梯机房、伸顶通气管、消防通道等所占据的屋顶面积及建筑自身的遮挡,根据屋面空间合理分配集热总面积。通过对集热器构架进行整合设计,包括构架形式、角度、高度等,与建筑主体形成一体化,可以避免后期施工对屋面的破坏,同时由于集热器自身重量较大,预置式构架在设计阶段便考虑了安装集热器后的屋面整体荷载能力;热水循环管道与给水管道采用同管井走向,实现了一井多用的功能,可有效减少公用面积和管路长度。

主要部件和控制装置的安装位置在设计中就加以细化,充分利用建筑空间,提高各部件安装的统筹性与合理性。其中,水泵、膨胀罐、缓冲水箱等统一放置于屋顶集热器构架内,集热器亦可起到一定的屋面设备防护作用;分户储水箱与控制器设置于各户设备阳台,方便用户操作的同时也降低了入住后对用户装修的影响。

第二节 太阳能热水系统的施工

随着全国各地太阳能与建筑结合图集的颁布与实施,太阳能热水系统的推广应用范围在不断扩大,各地已成功建设了一批太阳能与建筑结合的试点工程,同时也加强了太阳能热水系统与建筑结合的管理。太阳能建筑从太阳能与建筑结合特点和发展方面可分为适应建筑、建筑构件化和综合利用等三个阶段。目前太阳能的发展正在从第一阶段向第二阶段过渡,在这个过程中仍然存在较多问题,如太阳能热水系统不完善,与建筑结合程度不紧密;太阳能热水系

统施工工艺、质量参差不齐等。

在具体落实到太阳能热水系统的安装时,我们应遵循基本的原则,首先需考虑四个方面的因素:建筑结构一体化、外观一体化、管路布局一体化和系统管理方便性。不应破坏建筑物的结构、削弱建筑物在寿命期内承受任何荷载的能力,不应破坏屋面防水层和建筑物的附属设施,对建筑物的结构、功能、外形、室内外设施等不得有所损害。

一、不规范的施工案例

调查早期已投入使用的太阳能热水系统工程可以发现,系统施工工艺参差不齐,质量往往难以得到保证。造成这一情况的主要原因在于:①缺乏相关规范及图集的指导和约束,太阳能热水系统与建筑结合的集成化规模不断扩大,但针对其施工的规范及相关图集的编制与细化工作较为滞后;②太阳能生产厂家众多,但不少是实力差的小厂,产品质量不过关,而且太阳能热水系统品种较少,可选择余地不大,各类配件无法做到建筑构件化;③作为建筑设计主体的各专业建筑设计院,过去基本没有介入太阳能热水系统的设计,对太阳能集热系统和相关产品缺乏了解,在设计时缺少必要的基础设计参数。

二、示范工程的现场施工管理

示范工程现场施工管理要求施工安装单位按照太阳能热水系统设计、安装及验收规范等要求,编制专项施工技术方案,并报监理单位审批后实施。同时,要求监理单位采取"施工前交底设防、施工中跟踪检查、验收时严格把关、施工后总结提高"的方针,在施工各个阶段严把质量关。

除了要求施工安装单位严格按照相关规范、标准、设计文件和施工技术方案等进行太阳能热水系统工程施工外,建设单位还针对目前太阳能热水系统技术及一体化施工的特点和难点,组织进行详细的技术讨论,并结合项目实际进一步明确相关制度:施工组织设计及施工方案审查制度,系统材料、构配件等进场验收制度,隐蔽工程验收和工序交接验收制度,系统调试、试运行验收制度等,并要求严格执行落到实处。

第三节　太阳能热水系统的安装

一、管道、附件安装及保温防腐

管道的建设是目前太阳能热水系统工程建设中的重要过程。根据所用太阳能热水系统的特点，目前需要的管道建设主要分为外管与集热器的连接，内管与生活储水箱的连接。在当前安装的过程中，应根据现有的系统图或轴测图执行。由于存在构件误差和结构误差，因此管道施工应具有一定程度的灵活性。首先，要确保管道系统没有"反斜率"和空气阻塞现象，特别是对于封闭的间接循环系统，管道循环的平稳性直接影响系统运行的安全性和稳定性。因此，在管道施工中，水平管道必须提供一定的坡度要求，减少 U 形弯头和弯头的出现，并在立管的最高点放置必要的排放阀，以排放过热蒸汽。这个过程要求对于管道材料的选择包括多种类型的塑料给水管和复合管，例如聚丙烯管（pp－R 管）、铝塑复合管、铜管、不锈钢管等。本示范项目的热水循环管道，主要使用普通自来水，仅作为集热、换热的平均用水，不能由用户直接使用。由于使用寿命对系统长期稳定运行的影响，经过选择后，决定使用不锈钢管（外层由镀锌钢管制成）。一方面，其成本明显低于铜管和钢管，水质阻止管道结垢；另一方面，不锈钢制的管衬可以承受高温的冲击，强度高，不易变形。

管道保温材料的选择最好要使用导热系数低、保温的性能高、密度低、吸湿率低且施工作业轻的材料。当前，用于热水管的常用隔热材料包括石棉、超细玻璃棉和橡塑海绵。在这个示范项目中，橡胶－橡胶海绵被用作系统管道的绝缘材料。由于其良好的柔韧性，它可以与管子一起弯曲。不需要额外的绝缘部件或伸缩缝，这使施工更加方便。另外，对于目前的室外管道在表面上需要使用铝皮保护涂层，以防止内外力损坏绝缘层并延长绝缘层的使用寿命。

二、太阳能热水系统调试与验收

调试和验收该项目的目的是确保太阳能热水系统项目的施工质量和系统的正常运行。

　　系统的错误纠正包括独立设备或组件纠正和系统连接纠正。系统设备或组件的纠正应包括:①检查水泵的安装方向;②检查电磁阀的安装的方向;③温度的变化、流量、压力和其他仪器显示正常且准确的操作;④电气及自动控制设备功能需要满足设计要求,控制操作准确可靠;⑤装置防冻过热保护装置工作正常;⑥辅助加热设备正常运行。系统连接的纠正主要根据当前操作进行,包括:①校正系统各回路分支的调节阀,以平衡各回路的流量;②调整系统的运行状态,观察系统中各个温度点的变化并判断系统是否正常运行。

　　太阳能热水系统的验收需要基于《民用建筑太阳能热水系统实施技术规范》(GB50364 - 2005),浙江的标准《民用住宅太阳能热水系统设计,安装和验收规范》(DB33/1034 - 2007)和《热水系统图纸和安装》(2008 浙江 S12/J60)等现行国家和地方有关标准和规范的内容。

第四节　太阳能热水系统的维护

一、集热系统的运行管理与维护

　　集热系统是太阳能热水系统最重要的组成部分,对集热系统的维护是保证太阳能热水系统正常工作的前提。日常的管理与维护工作及定期检查和保养,对保持系统的高性能、高效益和长寿命具有关键的作用。

　　对于示范工程中的集热系统,由于采用的是间接换热的承压式系统,集热器为 CpC 反光镜面 U 形真空管集热器,相对于普通的全玻璃真空管集热器与平板集热器而言,具有较好的抗空晒、闷晒能力,也不会因为真空管的破裂导致整个系统的瘫痪。尽管如此,针对此类型的集热器也需要有针对性的维护措施:

　　1. CpC 反光镜面 U 形真空管集热器集热效率较高,导致集热系统的整体工作温度也较高,维护人员需要定期监视太阳能集热系统的温度及压力变化,查看相关阀门是否有漏水现象,排气阀排气是否通畅,避免温度与压力异常对系统运行安全性产生影响。

　　2. 宜定期清扫或冲洗集热器表面的灰尘,灰尘附着在真空管及反光板上,时间长就会影响光的透射率及反光板的反射率,可半年至一年擦洗一次。

二、管道及相关设备附件的维护

由于太阳能热水系统管路的温度较高,管路的日常维护保养尤其重要。管路日常维护的主要任务有以下几方面:

1. 保证管道保温层不能有破损或脱落,防止热桥产生和结露滴水现象;对于分户支管路,则需要维护人员与住户保持定期的沟通和检查,确保分户支管的使用正常。

2. 对管道进行除锈,定期冲洗整个系统,防止沉积锈垢堵塞管道。

保持各类阀门的清洁,不经常调节或启闭的阀门必须定期转动手轮或手柄,以防生锈咬死。对于止回阀、电磁阀及排气阀等,要经常检查其工作是否正常,动作是否失灵,有问题应及时修理或更换。

循环水泵是集热系统的关键部件,其正常运行是系统正常工作的重要保证。对于水泵的检查工作,一般要分为启动前的检查与准备工作、启动检查工作和运行检查工作三个部分。确保水泵有良好的工作状态,出现故障及时排查。

三、控制系统的运行管理与维护

在太阳能热水系统正常运行期间,应对自动控制系统测控的参数进行必要的检查,并进行检查记录。数据主要分为两个部分:一部分为检测数据,该数据用于监控系统的运行状态,用于判断系统运行是否正常;另一部分获得的数据不但能监控系统运行状态,还能为系统效益分析提供依据。

对于构成控制系统的相关控制元器件主要有传感器、变送器、控制开关等,均需要由专业的电气工程人员进行定期的巡视检查。

第四章 太阳能热水系统常见问题分析

第一节 集热器及系统集成与安装常见问题案例分析

已知,常用的太阳能集热器主要分为平板太阳能集热器和真空管太阳能集热器。真空管太阳能集热器又可分为全玻璃真空管集热器、U形管集热器、全玻璃真空管内插热管集热器、玻璃－金属热管集热器、全玻璃热管集热器。这些不同类型的太阳能集热器有各自的优势,也有各自的不足,如何选择,又该如何设计,并没有一概而论的最佳途径,只有根据工程所在地的气候环境、工程特点、用户实际使用情况而定,并经过多方面比较、反复计算,才能找到最适合的设计类型。

太阳能集热器系统由集热器组、集热器支架、支架承重基础等组成。集热系统设计安装主要包括集热器面积(数量),集热器摆放形式、朝向、倾角与集热器之间连接,集热器支架和基础计算等内容。

设计人员在进行太阳能集热器形式设计时,应采用集热器采光面最大、光照集热面最大的方式进行集热器朝向和摆放角度设计,以利得到最大的温升和产热效果。太阳能集热器要尽量放置在离水箱近一点的位置,以减少太阳能集热器与水箱之间管路的长度,降低热损失。对于自然循环系统,太阳能集热器的位置应低于水箱。对于回流防冻系统,太阳能集热器的位置必须高于回流水箱。对于开式系统,当太阳能集热器的位置高于贮热水箱时,太阳能集热器与水箱之间的循环泵扬程需要增加这部分高差阻力。当太阳能集热器的位置低于贮热水箱且高差超过5m时,如果采用全玻璃真空管,集热器将不能直接承受水箱造成的静压。

系统集成是太阳能热水系统设计中的核心。实际应用中,由于设计人员或

37

者建设使用单位对各种太阳能集热器的特点了解不够,认识不足,或者设计人员明知道建设使用单位提出的太阳能热水系统设计要求不切实际,但因对方强势,不敢讲明自己的观点而选择顺从,最终使自己迷失了设计方向,陷入被动。从而在设计、安装和使用中经常会发生太阳能集热器类型选型有误,安装不当,或者因为运营维护管理欠缺的问题,导致太阳能集热器使用效率低,达不到设计工况而不能充分发挥优势,甚至被贴上太阳能热水系统运行不可靠的误解标签,最终被停用。

有经验的设计人员,往往会先就建设使用单位安装太阳能的目的、系统要达到的效果等问题进行沟通,在与建设使用单位沟通的过程中,逐渐获得对方信任,也就更有利于讲明自己的观点并获得认可,从而让双方的目标更容易达成一致,也更容易实现。

对于讲求实用、希望采用最实惠的太阳能方案解决洗浴热水供应问题的建设使用单位,太阳能热水系统集成的设计原则应该是技术成熟、运行可靠、经济实用、方便高效。

对于有经济实力、除满足热水需要外,还希望通过太阳能热水工程能够提升品位和实力、树立工程形象的建设使用单位,太阳能热水系统集成的设计原则应该是技术新颖、别致高端、时尚潮流、体验示范。

对于为了达到或符合某些规定,必须安装太阳能而又希望尽量少花钱的建设使用单位,太阳能热水系统集成设计的原则应该是造价低廉、符合要求。

对于宾馆、学校,为便于管理,多采用集中太阳能热水强制循环系统。这类系统可以不受太阳能集热器和贮热水箱位置、集热器数量、管道路径等因素影响。设计这类系统,要尽量选择成熟的运行和控制方式,并考虑极端情况下的应急处理手段和措施。

对于家用和小型单位,如果贮热水箱的位置可以高于太阳能集热器,自然循环系统是最佳选择,它可以消除动力系统对太阳能热水系统运行的影响,使系统运行更简单、可靠。其后期使用出现问题的概率要明显小于强制循环的太阳能热水系统。

从投资成本角度考虑,开式直接加热太阳能热水系统成本低。对于注重热水品质的建设使用单位,可选择闭式承压直接太阳能热水系统,或者选择通过

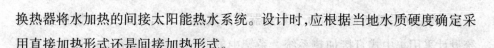

换热器将水加热的间接太阳能热水系统。设计时,应根据当地水质硬度确定采用直接加热形式还是间接加热形式。

设计人员在进行大部件设备就位、固定设计时,应将设备自身重量、运行重量和影响设备负荷的各种因素考虑清楚,确保所选用的固定设备安装件安全稳定。随着经济水平的提高,闭式承压太阳能热水系统将是今后发展的潮流。

太阳能热水系统专业安装分包单位要加强与工程总包单位、各施工分包单位的定期沟通,熟悉各专业分包进场施工时间,妥善安排本专业各项施工计划,并及时告知总包单位。总包单位要切实做好现场总协调,避免太阳能热水系统安装与工程施工总进度脱节的问题。

分包单位在进行太阳能热水系统专业施工时,也要严格按照施工规范、施工验收标准进行施工,杜绝管道安装反坡、上下循环管道接反、连接管道长度过长或过短的施工质量问题发生。

一、水质硬度高超标,真空管频繁炸管案例

某北方城市××昌和社区医院为配合全市大气污染综合治理行动,特申请财政专项资金,计划在当年供暖期结束后的四月份对医院锅炉房进行升级改造,将燃煤热水锅炉更换为燃气热水锅炉,改造工期计划为 7 个月。该医院的改造申请上报区卫生局后得到批准,并拨付 100 万元启动资金用于施工前期工作。该医院领导指示,在改造期间,医院正常工作,除各大门诊继续接诊服务外,还必须保证患者住院病房每天的生活设施运转。该医院建设和资产管理办公室为能两者兼顾,决定将原来为病房生活热水提供热源的蒸汽锅炉临时改为由太阳能热源来提供,并设置电加热作为辅助热源。当太阳能热源不足时,自动开启电加热进行补充。

××昌和社区医院建设和资产管理办公室招标的设计单位确定后,马上开始了施工图设计工作。病房楼设计为地上三层建筑,楼顶为平层,设计单位考虑到本次改造增设的太阳能制热设备只是用于暂时代替锅炉热源的临时措施,等锅炉房改造完成,安装上新的燃气锅炉以后,太阳能制热设备很有可能被拆除,为节省设备投资,设计人员决定采用集热器产品种类中性能比较稳定,价格相对低廉的全玻璃真空管集热器用于本工程,并将集热器组设计在病房楼三层

屋面,该屋面平整的地势恰好为集热器的摆放提供了有利条件,太阳能热水系统设计采用集中式直接加热系统。系统中的贮热水箱设置在与一层库房紧邻的设备间内。

太阳能热水系统工作方式为:屋面太阳能集热器与一楼贮热水箱之间进行循环工作。集热器通过吸收太阳能热,将集热器里面的水加热,到达温度设定值后,由集热器与贮热水箱之间的循环泵把热水送到贮热水箱内,然后再通过连接贮热水箱的热水增压泵,把热水送到末端各个热水点。由于北方地区水质硬度大,设计人员在太阳能热水系统的冷水补水管道上安装了硅磷晶阻垢装置。

施工图设计完成一个月后,医院建设和资产管理办公室经过招标程序确定了太阳能热水系统施工单位。因为系统规模不大,施工难度不高,系统提前一个多月即完成安装调试投入使用。当时正值六月,是一年中阳光最充足的季节,也是吸收太阳能最多,系统效率最高的时间,自改造后的太阳能热水系统使用后,产出的热水温度高,水量足,效果好,患者反应良好,系统运转一直比较稳定。三个月后,锅炉房改造全部完成交付使用,是否拆除刚投入使用的太阳能热水系统改用新锅炉作为热水系统的供热热源也提到了医院议事日程。医院领导与建设和资产管理办公室负责该项目改造的建设管理人员一致认为新安装的太阳能热水系统运行效果良好,令人满意,应该继续使用,但原来从锅炉房供给病房楼的供热管道继续保留,由新锅炉代替电加热作为辅助热源,沿这条供热管道接入太阳能热水系统。

一切都似乎在正常进行中,医院建设和资产管理办公室早已经投入到了新的工程建设工作中。可就在时间平静地走过三年后,病房楼的热水系统出现了故障,屋面的太阳能集热循环系统开始不断发生水流不畅的问题,之后越来越严重。又一个多月后,全玻璃真空管出现大面积炸管,最终导致太阳能热水系统运行瘫痪。

案例分析

医院建设和资产管理办公室对此大为吃惊,没想到三年里运行稳定,让所有人都感觉很放心的太阳能热水系统还是出现了问题,而且不出则已,一出就是大问题。屋面集热器有80%以上的玻璃真空管全部破碎,屋面一片狼藉。因

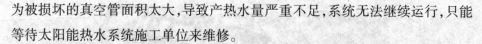

为被损坏的真空管面积太大,导致产热水量严重不足,系统无法继续运行,只能等待太阳能热水系统施工单位来维修。

接到通知的太阳能热水系统施工单位立刻联系了集热器供货厂家,厂家很快派有经验的技术人员赶到现场着手进行查原因、排故障的工作。技术人员来到屋面,看到一地破碎的玻璃真空管也吃惊不小,这是他经历过的真空管破碎最严重的一次。技术人员仔细检查了每一只破碎的真空管,发现管内几乎都塞满了水垢。进一步向医院物业管理部询问冷水补水来源,被告知供给太阳能热水系统的补水来自城区一条水量很大的地下河,地下河离××昌和社区医院很近,医院和当地管理部门打好了招呼,水价比自来水便宜一半,医院自行从地下修建了一条 DN200 的给水管,引入地下水作为医院生活用水水源。太阳能热水系统的补水管就是从这条给水管接出来的分支。

集热器供货厂家技术人员对补水水质进行了现场检测,显示所测水质硬度达到了 570mg/L,比国家规范《生活饮用水卫生标准》(GB 5749—2006)中水质硬度限定值 450mg/L 高出了 120mg/L。技术人员告诉在场人员,根据水质硬度检测结果可以清楚地说明,给太阳能热水系统补水的水质硬度严重超标。太阳能集热系统经过三年多的使用,积存的水垢基本堵满了集热器全玻璃真空管,在较厚的水垢内外层表面会形成较大温差,并产生裂纹。当温度较低的冷水进入真空管,沿裂纹流到水垢外层,与温度很高的真空管内壁相遇时,就导致了真空管炸管。

集热器供货厂家技术人员又进一步补充道:另外还有一种可能,当真空管及热水管道内的水垢不断增多,造成真空管管腔封堵,不能及时换热,真空管内就会形成水蒸气,水蒸气凝结成水滴回流,也会导致真空管大面积炸管。现场集热器真空管炸管现状如图 4-1 和图 4-2 所示。

医院建设和资产管理办公室、物业管理部、设计单位以及太阳能热水系统施工单位的在场人员都表示出疑问,明明设计单位在施工图设计时,考虑到了北方地区水质硬度大,在太阳能热水系统的冷水补水管道上安装了硅磷晶阻垢装置,为什么还会出现这么严重的结垢现象?

图 4 – 1　现场集热器真空管炸管现状

图 4 – 2　现场破碎的真空管内水垢现状

　　集热器供货厂家技术人员讲解说，虽然冷水补水管道上安装了硅磷晶阻垢装置，但该装置主要起到的是延缓水垢形成，拖延结垢时间的作用。而且，这种装置比较适用于一般硬度的水质，对于硬度过大的地下水（当水温≥60℃时会较快产生水垢），该装置是不能解决系统长期使用出现结垢的问题的。

　　那有没有更好的解决办法呢？大家共同提出了这个问题。特别是设计人员，因为选用的阻垢装置没有解决水垢问题而心存愧疚。硅磷晶阻垢器装置如图 4 –3 所示。

图 4 - 3　硅磷晶阻垢器装置

案例处理

集热器供货厂家技术人员提出了以下解决方案:不管是符合卫生饮用水标准且硬度较低的自来水,还是硬度超高的地下水,早早晚晚都会产生水结垢的问题,只不过同样选用硅磷晶阻垢装置,采用自来水补水,太阳能热水系统形成较严重结垢的时间较长。如果想比较彻底地解决玻璃真空管结垢问题,建议将原来的集中式直接加热系统改造成集中式间接加热系统。原理是:全玻璃真空管太阳能集热器产出的温度较高的热水(50～55℃)是通过波节管换热器对贮热水箱内的温水进行加热,太阳能集热系统只需要补充日常蒸发掉的少量水即可,这样可以显著降低水垢量。与此同时,物业管理部门还要定期检查和清洗波节管换热器,防止二次换热器结垢。

设计人员经核算,同意了集热器供货厂家技术人员提出的解决方案,并将原设计的太阳能直接式加热系统改为间接式加热系统。太阳能热水系统施工单位依据设计单位的修改图纸对原太阳能热水系统进行了改造,太阳能集热器供货厂家也将破碎的玻璃真空管全部进行了更换。太阳能热水系统重新运行后,物业管理部每隔半年对波节管换热器进行一次检查清洗,使用三年来运行良好。

案例启示

未进行软化处理的生活给水、热水系统在长期使用的情况下,管道结垢是一种普遍现象,也可以说是正常想象,水中溶解有多种盐类,如碳酸盐、碳酸氢盐、硫酸盐、硅酸盐、磷酸盐和氯化物等。当水温不断升高,溶解盐的浓度也随之升高,水中溶解的钙、镁碳酸氢盐会受热分解,容易形成难溶性白色结晶沉淀物从水中析出,渐渐积累附着在容器上,就形成了结垢。

经过大型自来水厂处理的城市供水,水厂出水的水质硬度必须且已经达到了国家生活饮用水标准。但在长距离的输送过程中,部分溶解于水的钙、镁碳酸氢盐会慢慢析出,随流水到达管网的末端即各用户点。我们都有这方面的经验,在自来水常温状态下,结垢的现象并不明显,甚至感觉不到,但把水加热,特别是烧开,放置一段时间以后,水壶内慢慢会有水垢产生,随着时间的推移,烧水次数的增多,水垢也逐渐加厚,这就是钙、镁碳酸氢盐随温度升高受热分解速度加快,析出了难溶性白色结晶沉淀物,即水垢越多的原理。

采用全玻璃真空管的太阳能集热系统,如果不进行水温控制强制循环,全玻璃真空管太阳能集热器的水温甚至会上升到近100℃。为控制真空管和热水管道结垢,太阳能集热系统必须进行水温控制循环,即当全玻璃真空管太阳能集热器的水温达到50~55℃时,起动热水循环泵,将热水送到贮热水箱,再通过热水增压泵供到末端各热水点。但即便如此,集热系统长期处于50~55℃水温状态,结垢仍然会越来越严重。如果不进行定期检查清洗,系统管道很快就会因为严重的结垢而无法运行。因此,如果冷水源水质硬度不大,太阳能热水系统可以采用直接式加热系统,但除给太阳能热水系统的冷水补水管上安装了有效的阻垢、除垢装置以外,还要特别注意定期对集热器和热水管道进行清垢检查的处理。但如果冷水源水质硬度很高,通过安装阻垢、除垢装置和定期清垢已不能彻底解决集热系统和热水管道的结垢问题,建议尝试采取本案例介绍的

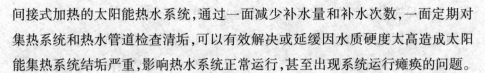

间接式加热的太阳能热水系统,通过一面减少补水量和补水次数,一面定期对集热系统和热水管道检查清垢,可以有效解决或延缓因水质硬度太高造成太阳能集热系统结垢严重,影响热水系统正常运行,甚至出现系统运行瘫痪的问题。

一般情况下,采用全玻璃真空管将水加热的直接式加热太阳能热水系统适用于水质硬度在200mg/L以下的情况下使用。如果水质硬度超过了200mg/L,建议采用二次换热间接式加热太阳能热水系统。

为了及时发现太阳能集热器和热水管道里面水垢的情况,根据多年的工程经验,笔者认为在太阳能集热循环系统和热水循环系统适当位置安装压力表不失为一种可以考虑的检测方法。随着太阳能热水系统管道里面的水垢加重,管道水流将逐步出现循环不畅,管道压力逐渐上升的现象。物业管理人员可以通过观察压力表数值的变化,估测和判断系统结垢的程度,来确定何时采取措施,以及下一步应该采取什么样的处理措施。这种方法或许对及早发现太阳能热水系统结垢情况并尽早处理,消除隐患,避免系统出现问题提供了一种手段和一定的帮助。

物业管理人员在每天的系统运行巡视过程中,除了要关注运转设备的声音、状态,还要对静止的部件,如阀门、压力表、各种连接件等逐一进行仔细检查,对存在问题的设备部件及时查明原因,排除故障。而不是等到造成系统无法正常运行,甚至瘫痪的地步才手忙脚乱地通知找人维修。人无远虑必有近忧,与其悔不当初,不如防患于未然。

二、集热器朝向布置设计有误,集热系统使用效果打折扣案例

河北省某旅游区为扩大影响,吸引更多的旅客,拟建设一座高档娱乐城,将其作为旅游区的品牌标杆。建设方为节省开支,尽早开业,决定把一座老商住楼及其配楼重新装修,改造成高档娱乐城。改造后的高档娱乐城地下一层将设计为洗浴中心,设计有泡澡大池、淋浴房、桑拿房,增加了冲浪浴、游泳和部分水上游乐项目。改造后的娱乐城功能完善,种类齐全,娱乐城楼上还为可能需要住宿的客人建有60间客房。

该娱乐城建筑面积约为7 900m²,分别设计为北楼和西楼,北楼地上3层,西楼总高5层,两楼在3层以下相连。北楼楼顶加设了钢结构彩钢板。西楼楼

顶在北侧局部和南侧局部加高,分别作为办公用房和仓库。在仓库楼顶也加设了钢结构彩钢板,西楼楼顶靠中间位置为电梯机房和消防楼梯间。

老商住楼及其配楼原有一套生活热水系统,采用的是蒸汽加热,通过容积式热交换器换热的供热水形式。建设方估计,改为娱乐城后,日平均客流量将增加到130~160人/日,为节约能源,降低能耗,减少运行成本,建设方打算在原生活热水系统的基础上进行改造,增设太阳能集热系统,辅助热水供应。经设计核算,如果采用50~55℃的热水,该娱乐城日平均热水量约为110m³。

因为老商住楼及其配楼所在的北楼屋顶和西楼屋顶存在较高错层,西楼屋顶又在局部加设了彩钢板屋面结构的办公用房和仓库,屋顶面积不规则,错位较大。现场屋面结构形式对需要较大面积安装的太阳能集热器来说情况比较复杂,需要设计师综合考虑热水系统设计和集热器摆放安装的问题。老商住楼及其配楼屋顶竖向图如图4-4所示。

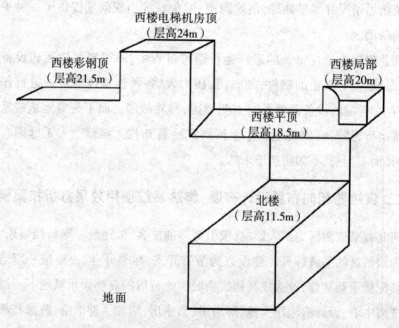

图4-4 老商住楼及其配楼屋顶竖向图

负责太阳能热水系统工程设计的设计师经过现场踏勘,实地调研后,开始着手进行太阳能热水系统设计。设计师将两栋楼按两套热水系统进行了考虑,北楼设计为一套独立的集热系统,一套循环系统,贮热水箱安置在地面,水箱容量 $18m^3$。西楼设计为一套独立的集热系统,两套循环系统,分别是安置在彩钢板屋面的太阳能集热器自成一路,安置在平屋面可架空安装的太阳能集热器自成一路。消防楼梯间上方(电梯机房东侧)作为贮热水箱安放位置,水箱容量 $33m^3$。

由于屋面高差错落复杂,设计师在进行西楼屋面集热系统设计时,为能做到尽量减少管道安装,缩短系统阻力,并能最大数量地摆放集热器,采用了双面联集箱横排管式全玻璃真空管集热器形式。对于彩钢板屋面,将集热器设计为顺坡摆放安装,坡面为东西坡向(即集热器朝向为小部分面朝东安装,其余部分面朝西安装)。对于平屋面,将集热器架空敷设,集热器局部采用小角度面朝南安装,其余大部分面朝西安装。北楼屋面东西长度大于南北长度,且相对比较平整。设计师在进行集热系统设计时,基本采用集热器面朝南方向安装的设计形式。

设计图完成后,建设方通过招标确定了施工单位。工程按计划于当年十月下旬完工进入系统调试阶段。

老商住楼及其配楼屋顶平面图如图4-5所示。

但系统调试人员在调试过程中发现了问题:在北楼屋面安装的太阳能集热器数量与贮热水箱大小的配比和西楼屋面安装的集热器数量与贮热水箱大小的配比基本一致,虽然北楼高度比与其紧邻在一起的西楼高度低6m左右,存在下午1:00以后开始遮光的现象,但是,北楼太阳能集热系统贮热水箱一天当中的水温居然比西楼太阳能集热系统贮热水箱的温度还要高出十几摄氏度(同一天气情况下)。系统调试期间天气良好,有时在同一天里,北楼太阳能集热系统贮热水箱的水温可以达到43~47℃,而西楼太阳能集热系统贮热水箱的水温却只能达到37℃左右。调试人员及时将发现的问题反映给了施工单位负责人,负责人找来了熟悉太阳能热水系统的技术人员。

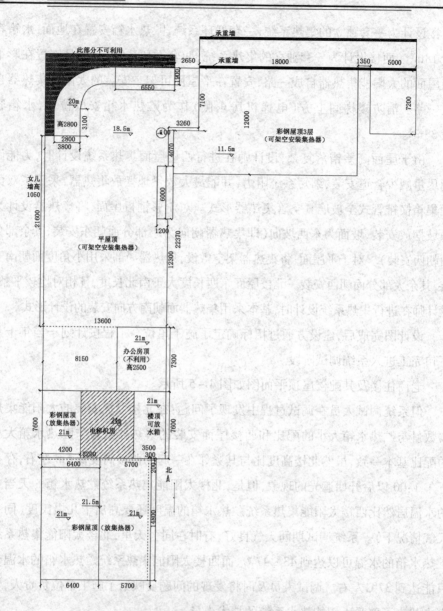

图 4-5 老商住楼及其配楼屋顶平面图

案例分析

熟悉太阳能热水系统的技术人员来到现场,沿太阳能热水系统走向,从屋面集热器到贮热水箱再到管道末端进行了现场排查,发现系统的管路连接、设备安装、控制运行均未出现过异常现象。但技术人员观察到,由于西楼屋面高差错落复杂,集热器安装的角度设计较小,而且有多个朝向,分别为面朝东(彩钢板屋面顺坡安装)、面朝西(彩钢板屋面顺坡安装和部分平屋面架空安装)、面朝南(平屋面局部架空安装)。面朝东和面朝西安装的集热器,集热循环管道温度较低,且明显低于面朝南安装的集热器循环管道温度。技术人员虽经反复多次测试检查,该现象却始终存在。据此,技术人员初步判断出现这个现象的原因很有可能是横排管集热器面朝东西方向安装的系统集热效果大幅降低所致。

为了进一步确定判断的准确性。技术人员与太阳能集热器生产厂家沟通,请他们将横排式单支真空管分别按东西水平横向摆放(相当于真空管集热管面朝南)和按南北水平横向摆放(相当于真空管集热管面朝东或西),然后对两种不同摆放形式的真空管进行闷晒试验对比。经协商,太阳能集热器生产厂家同意马上进行试验。

厂家专业试验人员按要求对横排式单支真空管进行了两种朝向的摆放,并通过了三天的闷晒对比试验。试验结果显示,横排式真空管东西方向水平摆放比南北方向水平摆放的集热效果高出约90%(1h的温升分别为15℃和28℃,平均辐照度约840W/m²,试验时间为上午10:00~11:00)。之后,厂家试验人员又进行了真空管南北方向与地面成45°角摆放形式的闷晒对比,结论为:同等试验条件下的1h温升为25℃,即南北方向放置的真空管即使改变摆放角度,其温升效果仍低于真空管东西方向水平摆放的温升效果。

技术人员拿到厂家试验人员的试验报告以后,与现场勘查的结果再一次进行了汇总分析,更加证明了自己原来的判断,技术人员向施工单位负责人和调试人员进一步说明了整个试验过程和分析结论:本项目系统调试时间正值初冬季节,太阳高度角较低,太阳光照强度主要集中在上午10:00至下午1:30之间,根据我们看到的集热器厂家得出的试验结果可以看出,在这个时间段内,两种不同朝向摆放的真空管所得到的光照集热面积相差可以达到近1倍。

经过技术人员的解释,在场其他人员终于明白两栋楼太阳能热水系统温度存在较大温差是由于屋面集热器安装朝向摆放不同造成的。

案例处理

问题原因找到了,大家开始讨论如何通过调整西楼集热器的摆放形式使横排管式真空管获得更大的集热面积,让西楼的集热系统产出更高的水温。技术人员和施工人员、调试人员进行了现场技术讨论会,施工单位提出,合同规定的工程竣工日为 12 月 10 日,离现在只有一个多月的时间,还要考虑到系统调试周期,而天气又渐入寒冬,如果现在对西楼屋面的集热器朝向进行改动,只能采取最简单的处理办法。

经各方研究,并让太阳能热水系统技术人员复核后,最终决定,先将西楼热水系统里的水全部放空,再把真空管拔掉,将集热器和管道断开分成几大组,把原来面朝东西方向安装的集热器阵列旋转 90°,全部改为面朝南向后,再整体组装与管道连接。至此,西楼屋面集热器朝向的改动一共只花费了 6～7 天的时间。调整好集热器朝向后,该楼太阳能热水系统再次进行调试,调试结果显示该楼太阳能集热系统贮热水箱的水温高过了集热器朝向改动前的水温 17℃以上。

案例启示

利用太阳能服务于生活热水系统,或者服务于供暖热水系统(近几年这类工程越来越多),已经是当今众多工程专业设计者的普遍共识,但如何最大程度和最大面积地采集到太阳能,并将采集到的热最大限度地应用于热水系统中,让太阳能热水或供暖热水系统发挥出最有效的作用,是每个从事太阳能热水或供暖热水系统设计者应该特别重视和认真研究的。

由于太阳每天东升西落,且每年四季在南北回归线之间南北移动。因此集热器采用什么样的摆放方式,其主要考虑的因素应该是如何获得最佳的采光效果。

集热器每天自上午至中午到下午的采光,则根据集热器类型的不同而不同。平板型集热器全天有效采光面积会随太阳位置的不同而变化,上午由小逐渐变大,到当地正午时变为最大,下午则由大逐渐变小。真空管集热器全天有效采光面积则根据真空管安装朝向的不同而变化,当真空管南北竖放时,具有采光自动日跟踪功能,其有效采光面积全天不变。

集热器的采光面积不仅随不同类型集热器的不同而不同,而且一年中也会随季节的不同而不同。每年从夏季、秋季至冬季,太阳从北到南,从冬季、春季至夏季,太阳从南到北,集热器的有效采光面积也随之变化。

对于全年使用的平板型或者真空管南北竖放的真空管型集热器,当其采光

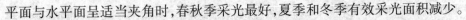

平面与水平面呈适当夹角时,春秋季采光最好,夏季和冬季有效采光面积减少。

对于真空管东西横放的全玻璃真空管型集热器、U形管真空管型集热器,由于每支真空管都具有独立的圆柱形采光面,因此具有季节采光自动跟踪功能,其摆放倾角可以降低甚至水平放置。

本案例要改造的老商住楼及其配楼屋面高差错落复杂,特别是西楼屋面,除北侧局部和南侧局部均加高了一层,分别作为办公用房和仓库。靠中间位置还有凸出的电梯机房和消防楼梯间。设计师为尽量减少管道安装,缩短系统阻力,最大数量地摆放集热器,采用了双面联集箱横排管式全玻璃真空管集热器,是符合实际情况的。根据上述介绍,每年从夏季、秋季至冬季,太阳是从北向南移动的,而本案例调试期间恰逢秋冬交际,显然,让集热器面朝南摆放,即真空管东西朝向横放将会获得更多的采光面积。

当然,虽然每支真空管都具有独立的圆柱形采光面,具有季节采光自动跟踪功能,在摆放倾角更低甚至水平的情况下也可以获得有效的采光面,但如果能让采光平面与水平面呈一定的夹角,采光效果将大幅增长。

但由于本案例屋面现场条件限制,给整齐划一理想摆放真空管集热器确实造成了一定难度。因此,设计师按不同方向将集热器进行摆放也许是迫不得已的,但设计师估计没有想到,满足了现场条件,却损失了一大部分采光和集热效果,热水温度大打折扣,对系统正常运行造成不利影响。所幸在熟悉太阳能热水系统的技术人员分析指导下,很快发现了问题,及时进行了调整补救,不然实际运行效果不容乐观。

设计师在进行太阳能热水系统设计前,对太阳能集热器应摆放哪种角度,这种角度会对系统集热效果产生多大影响,都要进行科学的理论计算,有条件的可采用模拟试验,进一步核算计算结果,以求获得最佳的设计结论。

看来设计师对满足现场条件和影响系统运行效果孰轻孰重,没掂量清楚。

还有一种可能,设计师不知道太阳随季节变化会引起光照强度变化,也不知道真空管集热器按什么朝向摆放会引起采光集热效果不同,所以也就不清楚按原设计摆放真空管集热器会造成集热系统制热满足不了设计出水温度要求这一后果。

做工程来不得半点侥幸心理,往往认为对工程使用无关紧要、不起眼的小细节，却是影响工程好坏至关重要的一个环节。一旦忽视，就有可能造成严重的不良后果，导致难以弥补的遗憾。作为近几年新兴的太阳能热水系统专业设计者，更要深入研究思考太阳能热水系统的各个设计环节和每个细节，总结和把握好集热器布置和系统设计的要点，而不能跟着感觉走，到头来事与愿违，导致设计初衷与实际结果大相径庭。

三、集热管道安装不当，集热水箱水温不热案例

某地开发公司受当地政府委托，对回迁房住宅小区 8 栋楼进行加装太阳能热水系统改造工程。住宅小区 8 栋楼高度均为 17 层，每栋楼分为东、西两个单元，每单元共 52 户，每户均有南朝向的生活阳台。8 栋楼的太阳能热水系统改造设计由开发公司下属设计所负责。设计师根据每户人数及规范要求的每人每天热水用量计算出每户全部热水量，再根据每户阳台的位置和尺寸设计每户热水系统方案，最终确定采用 U 形管集热器阳台壁挂式太阳能热水系统形式。根据每户热水用量计算得出每户需要 $3m^2$ 的 U 形管集热器，安装在每户阳台南立面外墙上。各户热水系统的换热水箱采用承压式水箱，容积为 110L，安装在每户南阳台内侧墙上。水箱内置 1.5kW 电加热器。集热器管道工质为防冻液。

设计师根据每栋楼的建筑外墙形式，在每单元的东户和西户分别采用了横置式 U 形管集热器和立式夹套换热搪瓷承压水箱，中间户型则采用立式 U 形管集热器和卧式夹套换热搪瓷承压水箱。

设计图完成后，开发公司开始进行各楼的施工改造计划工作，开发公司确定的施工单位在与甲方签订了施工承包合同以后陆续进场施工。因为中标的工程是政绩工程，施工单位比较重视，特地从别的工地调来了几支劳务队伍对 8 栋楼同时开工，工程进度很快，4 个多月以后，施工单位按合同范围和合同要求完成了项目所有施工，经监理验收满足要求。施工单位向开发公司提交了系统清单，并提出了工程验收申请，开发公司与设计单位一道检查了监理验收记录和施工单位提交的系统清单，对施工完成的太阳能热水系统进行了例行检查，并要求施工单位向太阳能热水系统加注防冻液，几方在观察太阳能热水系统换热水箱温度达到设计要求，确认没有问题以后，交工验收，办理竣工交用手续。

刚交用后的一段时间，太阳能热水系统运行并未发现什么问题，大约过了

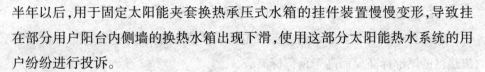

半年以后,用于固定太阳能夹套换热承压式水箱的挂件装置慢慢变形,导致挂在部分用户阳台内侧墙的换热水箱出现下滑,使用这部分太阳能热水系统的用户纷纷进行投诉。

案例分析

开发公司约谈了施工单位,施工单位及时安排技术人员来到现场进行处理。经检查,确定为固定换热承压式水箱的挂件装置设计结构不合理,设计刚度不够,时间一长,出现严重变形,导致水箱下滑。施工单位马上组织施工人员为每一个用户逐一更换了水箱固定挂件装置,又重新补加了防冻液,由于补救及时,更换迅速,问题很快解决了,没有给用户使用造成太大影响,用户比较满意。

但好景不长,更换了水箱挂件装置的太阳能热水系统重新运行没几天,用户反应太阳能热水系统产出的热水突然不热了,换热承压式水箱内的水温也不如原来改造前的水温高了,有些用户家的水箱水温甚至只有24℃,根本没法洗澡,热水系统远远达不到用户的使用要求。用户们再一次向开发公司投诉,认为开发公司对上次出现的问题没有认真处理,施工质量太差等。开发公司再次通知了施工单位,施工单位感到问题有些严重,遂向集团公司反映,请求集团公司派一位有经验的技术人员来现场尽快解决。

集团公司非常重视,不想因为一个回迁房改造项目的问题影响集团的声誉,给集团将来的业务造成不利影响,即刻派了一位有经验的技术专家赶到现场。

技术专家对现场逐一进行了排查,因为当时正值春末夏初,天气情况较好,首先排除了阳光日照不足因素的影响。进一步检查,发现现场存在以下几个问题:

1. 个别用户家中换热承压水箱集热循环管道中的下循环管道温度明显高于上循环管道温度。

2. 一打开换热承压水箱的补液口,大量防冻液及气体会一下喷出来,并不断从补液观察口里流出。

3. 部分用户的换热承压式水箱里灌装的防冻液明显不足,水箱缺液。

4. 安装在每户南阳台外墙的 U 形管集热器上下循环管道较热,而水箱侧的上、下循环管道却不热或只有上循环管道热。

5. 部分 U 形管集热器没有按照规范要求顺坡方向安装,造成这部分 U 形管集热器的尾部标高反而高于顶部标高。

6. 部分用户家中换热承压式水箱到 U 形管集热器之间的循环管道过长(单趟管路超过 5m),造成部分集热循环管道安装时出现反坡(集热器端进出口高于水箱端循环管道进出口)和急弯(管道接口处转弯过陡,导致管径变细)。

针对以上出现的问题,有经验的技术专家通过对这些用户一段时间以来使用情况的实地调查,并向施工单位详细询问了现场安装情况后,有了初步判断:

1. 施工人员在为用户更换水箱挂件和重新拆装水箱时,将太阳能集热器的上、下循环管道接反,造成系统不循环或循环较差。

2. 施工人员在对一些水箱更换挂件和重新安装时,将防冻液灌装过多,且没有进行有效排气,就将灌液口和观察排气口封闭,当太阳能集热器加热升温后,水箱夹套内的膨胀空间不足,导致夹套内液体压力过高,造成系统无法正常循环。

3. 一些用户的水箱存在缺液现象。分析原因可能是施工人员为了赶工,匆匆忙忙灌装防冻液,导致防冻液工质灌装不满所致。

4. 在更换水箱挂件再重新安装过程中,由于各家用户安装水箱的时间有先有后,部分用户家中的水箱拆下后,要等待 4~5 天才能重新安装上,导致集热器内防冻液温度不断升高,产生大量气泡堵塞循环管道,系统自然循环无法进行,造成水箱不热。

5. 由于更换水箱挂件施工仓促,部分集热器没有严格按要求顺坡方向安装,使集热器尾部高于顶部。在一些用户的系统施工中,水箱和集热器之间循环管道过长,在阳台局促有限的空间范围内施工,难免会出现部分安装的循环管道出现反坡和急弯,导致系统循环无法进行。而且反坡、急弯还会使集热器产生气泡,在集热器循环管道高点产生气堵,自然循环的动力无法冲破气阻,同样会造成循环无法正常进行。

案例处理问题原因分析完毕后,技术专家和现场施工人员针对以上问题分别制订了整改方案:

1. 对上、下集热循环管道重新调整,要求施工人员在灌装防冻液时要控制灌装的速度,缓慢进行,同时采取有效的排气措施。

2.对防冻液灌装过多的水箱,通过夹套补液口进行排气和放液。对防冻液不足的水箱进行二次补液。

3.在天气晴好时,对局部循环管道采取诸如用橡皮锤敲击等简单有效的办法,对集热循环管道进行排气处理,疏通集热器的上、下循环管道。

4.整改部分反坡安装的集热器。重新对集热器的安装角度进行调整,适当降低集热器尾部高度,使其标高低于顶部。

5.整改部分已安装的从水箱到集热器之间过长的集热循环管道,修正集热循环管道反坡和急弯现象。

施工单位按照整改方案对太阳能热水系统出现故障的用户重新安装后,这些用户家中的太阳能换热承压水箱水温普遍提高了20~28℃,全天最高水温可达47℃以上,水箱水温连续两天可升高至65℃以上,达到用户热水使用的要求。至此问题得以解决。水箱端循环管道局部反坡、急弯现象如图:4-6所示。

a.水箱端循环管道局部反坡　　　b.水箱端循环管道局部急弯

图4-6　水箱端循环管道局部反坡、急弯现象

案例启示

通过本案例出现的现象和处理的结果,太阳能热水系统设计和施工安装人员在今后的设计和施工中要注意以下几点:

1.阳台壁挂式太阳能集热器在安装时,要检查其水平坡度。集热器出口应高于尾部1~2cm,水箱底部应高于集热器出口50cm以上。

2.对于自然循环的管道系统,避免出现"急弯""反坡"安装。

3.设计人员要充分考虑水箱、集热器等大件物品的自重和运行重,以及系统运行时对其产生的影响,对安装固定件进行设计。避免选用不当可能带来的较严重安全隐患。

本案例系统交用不久,固定太阳能夹套换热承压式水箱的挂件就出现变形,水箱出现下滑,究其原因,是出在设计刚度考虑不足的问题上。可以分析出,由于设计人员经验不足,也许只按常规考虑了水箱自重和满水重量,却没有考虑到热水系统运行时,会对水箱造成一定程度的振动和冲击,这种振动和冲击同样会传递到固定水箱挂件上这一细节,所以将水箱的整体重量估计小了,选用的固定螺栓刚度不够,随着系统运行时间的加长,固定挂件的破坏越来越严重,直到完全变形。可见,一个看似不起眼的设计细节,一旦疏忽了,就有可能造成意想不到的严重后果。

但在更换了合格的水箱固定挂件之后又出现水箱不热的问题则暴露了施工单位现场管理混乱、监理单位验收监管不利的问题。

施工人员在系统安装过程中,将部分太阳能集热器上、下循环管道接反;部分管道集热器没有按顺坡方向安装,将尾部高于顶部安装;防冻液灌装过多或过少;部分集热循环管道安装出现反坡和急弯。这些都反映出施工人员规范施工意识薄弱,质量管理严重缺失的问题。现场工人为了赶工,不严格按照施工操作规程执行。质检人员缺少责任心,检查不认真,得过且过。施工单位对现场质量管理的放任助长了工人对工作放松懈怠、凑合了事、投机取巧的不良行为。

本案例监理单位作为施工质量的监管者,对施工质量的检查、验收一带而过,同样助长了施工单位不按规范操作的错误苗头,缺少了监理工程师的有效监督和跟踪检查,在一定程度上也为这种行为开了绿灯。

设计人员作为太阳能热水系统方案的制订者,要想做到设计完善,功能合理,满足使用,尽量避免设计细节的遗漏、设计缺陷的产生,就要树立精益求精、追求细节完美的工作态度和工作意识。不仅要把自己的专业做精,还要把与本专业有关、对系统设计合理与否起着关键作用的相关专业领域理解摸透并尽可能掌握。

施工单位作为施工组织者、管理者,要想保证施工质量,让系统投入使用后能够顺利运行,重要的一点是让每一个上岗人员都能各司其职,各负其责,施工人员要严格按照施工规范要求操作,管理人员要严格按照管理规程要求切实执行。

监理单位作为工程检查者,要想保证工程质量,就要让每一个监理工程师自觉遵守监理规定,恪尽职守,严格按照监理大纲和监理合同要求对工程质量监督到位。

建设工程是系统性工程,其中哪个环节出了问题,都会对工程质量、系统稳定、使用安全造成重大影响。因此,对于工程建设的主要参与者:设计单位、施工单位和监理单位,都应将自己的工作视为这个系统工程中的重要一环,真正下功夫把好自己这一环的质量关、管理关,才能建设出一个合格工程,也才有可能造就一个精品工程。

四、避免集热器水倒流致真空管炸管,防倒流装置自动上水保护不能少案例

某学术培训单位新建的培训楼于 2010 年 4 月竣工,5 月投入使用,该楼热水系统采用太阳能集热加辅助热源供给系统,太阳能集热系统安装在新建成的培训楼屋面,集热器采用全玻璃真空管形式,因屋面面积有限,集热器分别安装在楼顶平屋面,以及高出楼顶屋面 3m 多高的水箱间屋面上,水箱间内放置卧式贮热水箱。辅助热源为电加热。

培训单位组织培训采用定期轮训形式,8 月份正好赶上数控软件控制的一期培训,颇受学员欢迎。来自全国各地从事自控和软件开发的技术人员纷纷踊跃参加。培训期正值炎热夏季,因为住宿学员多,开课后,全天的热水量需求都很大,但学员们一致反映,刚投入使用的热水系统出水压力和出水温度都很稳定。正当所有工作顺利进行时,太阳能集热系统却出现了问题。

太阳能热水系统工程实景图如图 4–7 所示。

新建的这栋培训楼采用定时供水,每天分别在 10:00 到 14:00,19:00 到 23:00 供水。太阳能热水系统在 10:00 到 14:00 时间段运行工作时,真空管会不断发生炸管;在 19:00 到 23:00 时间段运行工作时,炸管虽有发生,但频率不高。炸管平均间隔时间大约为 10~15 天。后勤管理部已经把情况通知太阳能设备安装厂家。就在太阳能设备安装厂家准备购置材料工具、安排技术人员上门检修期间,后勤管理部门在 8 月 20 号午夜又一次打电话给太阳能设备安装

厂家,要求厂家第二天务必到现场,因为,这一次真空管出现了大面积炸管,导致整个屋面被水淹了。

图 4 - 7　太阳能热水系统工程实景图案例分析

　　真空管发生炸管,水淹屋面,造成的极坏影响是不言而喻的。可想而知后勤管理部门焦急恼火的心情。第二天一早,在厂家到来之前,后勤管理部值班经理将前一天发生的情况进行了汇报,大家一致认为是太阳能设备出现了质量问题。

　　一个小时后,太阳能设备安装厂家的技术人员及维修人员赶到现场,对屋面每组太阳能集热器进行了仔细查看,发现安装在楼顶平屋面的 120 组太阳能集热器玻璃真空管炸管的数量并不多,炸管的位置主要集中在水箱间屋面上摆放的 10 组太阳能集热器上。太阳能设备安装厂家技术人员分析说,总在一个位置发生炸管,很可能因为安装在这个位置的玻璃真空管里面经常出现水少或没水现象。我厂在两年前施工安装的一个太阳能热水系统工程投入使用后就曾出现过同样的情况。引起玻璃真空管炸管的原因是由于水箱间内的贮热水箱安装位置低于水箱间屋面上太阳能集热系统安装位置,当太阳能热水系统循环泵停止工作或者不工作时,安装在水箱间屋面上的太阳能集热器玻璃真空管里面的存水会倒流至贮热水箱内,导致集热器缺水,当阳光强烈暴晒一段时间后,集热器玻璃真空管会吸收大量的热,温度会越升越高,接近上百度或更高。如果此时热水系统循环泵启动运行,冷水进入集热器,玻璃真空管将受到较大冷热冲击,根据热胀冷缩原理,玻璃真空管很容易造成炸管。

另外,工厂在制造玻璃真空管时,如果退火工序不足,应力不能完全消除,玻璃真空管在安装及使用过程中就要产生应力释放,也会造成玻璃真空管炸管。我们刚才在进行系统检查时,发现在楼顶平屋面安装的120组集热器中,有部分发生炸管的玻璃真空管,主要原因就是应力不均或者应力集中。

另外,用来制造真空管的硼硅玻璃,如果膨胀系数大于一定标准就不易加工,在这种情况下制作出的真空管,由于玻璃组成和结构的变化,性能容易发生突变,较难机械成型而产生分相,使抗水性和机械性能大幅度下降,也易造成炸管。因此,安装单位一定要选择质量有保证,品牌知名度和市场占有率较高的产品进行采购。

案例处理

玻璃真空管炸管的原因找到了,下一步该如何解决? 太阳能设备安装厂家技术人员给出了提案:虽然水箱间屋面摆放10组集热器可以增加集热面积,但太阳能热水系统使用过程中发生炸管,就要中断这几组集热器运行,换管维修,而采购和更换玻璃真空管又需要时间,这种现象如果频繁,这10组集热器将处于半瘫痪状态,与其如此,不如放弃这10组集热器,一来对系统制热水影响不大,二来可免受频繁炸管再频繁换管之扰。

但后勤管理部拒绝了这个解决提案。部门负责人说,培训楼今年4月份才刚刚竣工,太阳能热水系统在5月份才投入使用。虽然10组集热器对系统制热水影响不大,但说放弃就放弃,我方认为这样处理不妥,过于简单草率,是不负责任的表现,无法接受。而且我方认为,既然厂家以前碰到过同样情况的工程案例,就一定会有解决的办法。比如,类似工程是如何解决的,我们这个工程有没有可以借鉴的地方。

太阳能设备安装厂家技术人员看到后勤管理部态度坚决,也觉得自己提出的解决方案有些唐突,一再表示回去后一定会认真研究,争取拿出一个切实可行的解决办法。

三天后,太阳能设备安装厂家再次来到现场,向后勤管理部提出,准备在水箱间屋面上摆放的太阳能集热器总管出水端做一个深"U"管,这样,太阳能集热器里面的存水就不会倒流至贮热水箱里了,改造起来也非常简单,花费少。准备替换的玻璃真空管将采购一个大品牌厂家的产品,有关应力方面的检测数据都达到或超过了行业标准,应力不均或者应力集中造成的炸管现象将会得到很大改善。

五天后,深"U"管改造完成,炸管更换安装,太阳能热水系统重新运行。在整个夏天至秋天,没有再出现炸管现象。后勤管理部对此比较满意。

案例启示

对于本案例出现炸管的现象,我们可以总结出以下几个要点:

1. 具有自动上水功能的太阳能热水系统,在炎热的夏天,应尽量选择早晨或傍晚上水,而要避开在阳光最强、室外温度最高的中午上水,避免玻璃真空管受冷热冲击,热胀冷缩而引起炸管。

2. 太阳能集热系统应采取合理正确的安装高度。太阳能集热器要尽量安装在同一标高的水平面上,如果安装在不同标高的水平面上,容易导致玻璃真空管和集热器连箱之间产生应力,当应力达到极限时,玻璃真空管就容易发生破裂造成炸管。

3. 太阳能热水循环系统应该设计上水保护功能,当阳光强烈,玻璃真空管温度过高时,可自动感温保护,停止此时上水,从而避免冷热冲击导致炸管。

4. 本案例中,当太阳能热水系统循环泵停止工作后,太阳能集热器玻璃真空管里面的存水倒流至贮热水箱内,使真空集热管处于缺水或少水状态,当系统循环泵再次起动时,温度较低的冷水进入温度很高的真空集热管,造成炸管。由此看出,在设计太阳能热水系统时,应在有位置高差的集热器和水箱之间的出水管上设计防倒流装置。

实际工程中,设计人员在设计太阳能热水系统时,要考虑到方方面面的因素和可能发生的种种情况,尽可能做到设计全面,功能完整,不留遗憾。对于玻璃真空管容易发生炸管的问题,在设计中,应采取各种合理的应对措施尽量去避免。施工人员在进行太阳能热水系统安装前,要对玻璃真空管进行仔细检查,发现存在有质量缺陷的玻璃真空管,坚决更换。同时,施工单位应加强施工人员的上岗培训、技术培训,保证太阳能热水系统各组成部件的安装质量。在招标采购太阳能设备材料过程中,不论是建设单位还是施工单位,要选择市场占有率高、口碑良好的大厂家。真空集热管作为太阳能热水系统的核心部件应确保其质量可靠。

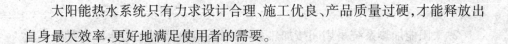

太阳能热水系统只有力求设计合理、施工优良、产品质量过硬,才能释放出自身最大效率,更好地满足使用者的需要。

五、某奥运比赛场馆太阳能热水系统集成方案设计案例

某奥运比赛场馆之一的游泳馆,为体现绿色奥运理念,减少场馆热力站能源消耗,决定在游泳馆及相邻训练馆上安装一套太阳能热水系统,以解决周边几个场馆运动员训练后洗浴热水供应问题。

场馆运营单位向设计单位提出,根据现场条件设计安装一套与热力站供热系统联合供热水的太阳能热水系统,系统要先进新颖,稳定可靠,体现高科技和可观赏性。设计单位根据运营单位要求和现场情况,确定以下设计思路:

1. 要保证太阳能与热力联合供热水系统的节能、稳定、可靠,必须优先和充分利用太阳能,最大限度发挥太阳能的作用。

2. 为体现太阳能热水系统先进性、可观赏性,太阳能集热器产品应选择高端新颖产品,集热器摆放能实现与场馆外形和周边环境完美结合,美观协调,观感效果好。

3. 太阳能热水系统管道设计施工不仅要规范,还要特别做好外观设计,注重外观效果。

4. 太阳能热水系统尽可能采用高科技部件。

根据上述设计思路,经技术人员多次讨论、完善,最终确定太阳能热水系统集成方案,基本情况如下:

太阳能集热器放置在二层训练馆圆形大厅屋顶。太阳能贮热水箱安装在××游泳馆地下二层设备间。辅助热源来自场馆中心热力站,站内设置多个浮管式快速换热器,与太阳能联合提供场馆热水供应。洗浴热水设计温度60℃,热水供应时间12h。

太阳能与热力联合供热水系统运行原理图如图4-8所示。

该系统集成方案的关键技术如下:

1. 太阳能热水系统采用闭式承压系统,太阳能贮热水箱采用立式承压罐。自来水冷水直接进入贮热水罐底部,将水罐内经太阳能加热的热水或温水顶入热力快速换热器入口端,经换热器加热成60℃热水后,通过热水管网至各热

水点。

2.太阳能加热系统采用间接加热系统,通过换热器把太阳能集热器的热能传递到贮热水罐内,把贮热水罐下部的冷水加热。

3.太阳能集热器采用技术先进的玻璃—金属封接式水平热管集热器,在训练馆圆形大厅屋顶水平铺设,通过合理布局和摆放,实现太阳能集热器阵列与屋顶和周边环境和谐一致。

4.室外管道和阀门保温层外包铺彩涂板,铺设横平竖直,平整无压痕。集热器及管道支架规整一致,支架颜色和质感与屋顶环境相协调。

5.控制系统采用西门子 PLC 可编程控制器,大尺寸高分辨率触摸和操作显示屏,直观显示太阳能热水系统运行状态和运行参数,参数设置采用菜单式操作,直观明了,操作简便,科技感强。

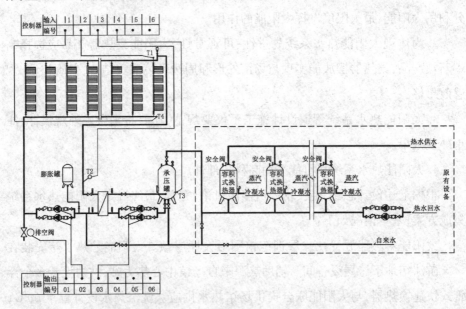

图4-8 太阳能与热力联合供热水系统运行原理图实际效果

工程交付使用后,太阳能热水系统外观和使用效果,远远好于投资方对太阳能热水系统的期望。该工程被评为本奥运场馆唯一有亮点的工程项目。

工程实景如图4-9~图4-11所示。

图4-9 屋面太阳能集热器阵列实景图

图4-10 地下室太阳能贮热水罐实景图

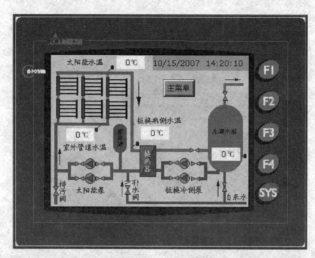

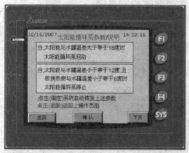
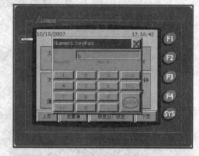

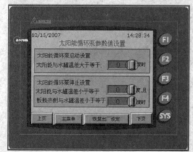

图 4-11　太阳能热水系统控制器显示屏界

案例亮点

　　从实际完成的太阳能热水系统工程外观及实际运行情况可以看出,本工程系统集成方案设计较成功之处主要有以下几点:

　　1.采用太阳能预加热+热力换热罐串联设计方案,最大限度地发挥太阳能

的作用。

2.采用间接加热闭式承压太阳能热水系统,让热水水质得到保证。系统借用自来水压力供热水,避免开式水箱泄压后再靠水泵增压带来的不节能问题。

3.采用先进的大直径玻璃—金属热管集热器,水平铺设,外观大气、整洁,与周边环境协调统一。

4.触摸显示屏控制器及菜单式操作在当时颇具高科技感,让管理人员操作更方便和人性化。

六、安装人员变动未及时沟通,水箱进场无法运输安装案例

某地机关办公楼因工作性质调整,需要24h保安值守,为此,该机关保卫处拟招聘几十名保安人员,负责办公楼的全天巡视工作,因所聘保安人员基本是外地户口,需要提供住宿条件。为使这些外地职工的基本生活有保证,得以安心工作,该机关建设处计划对办公楼进行局部改造,增加住宿和生活热水洗浴功能。本着满足节能要求,减少日后系统运行成本的原则,经多方讨论,建设处最终决定采用集中式太阳能热水系统提供生活热水的方案。

该办公楼建筑面积约8 500m²,地上6层,地下2层。地下一层为使用单位管理用房,地下二层为备品备件仓库和设备用房。改造中标设计单位是一家与建设处有过多次合作的建筑设计公司。该公司在太阳能热水系统施工图设计中,根据办公楼所在片区热源的分布情况和办公楼周围管网现状,确定了集中集热、集中贮热,燃气锅炉辅助供热的系统模式。

设计公司通过对几种形式的集热器效果和设备投资的综合比较,同时从充分利用太阳能集热器产热角度考虑,集热系统选用了平板式集热器,在建筑物楼顶集中布置。热水循环系统中的太阳能贮热水箱采用封闭式承压水箱,设置在地下二层设备水箱间内。集热器与贮热水箱之间采用板式换热器换热。热水供水采用以下两种形式:

1.当太阳能贮热水箱内的水温达到设计温度时,贮热水箱内的热水通过与办公楼热水管网连接的供水管网供至各用户热水点。

2.当太阳能贮热水箱水温不能满足设计温度时,从贮热水箱至各用户热水点出水管上的电动阀门自动开启,由燃气锅炉通过接入办公楼的室外供热管网

对热水系统辅助加热,系统达到设计温度后,将热水供至各用户热水点。燃气锅炉供水温度通常都在65℃以上,热效很高,太阳能热水系统又采用承压闭式循环,热损失远小于开式循环系统,因此,燃气锅炉热水通过接入贮热水箱的出水管道就可以迅速将水升温,达到设计温度。燃气锅炉辅助热源的投入是通过电动三通阀的自动切换实现的。

设计中,通过控制以上两种热水供应方式优先投入的顺序,实现太阳能的充分利用和锅炉能源的合理补充,既能达到节能减排的目的,又能保证系统安全运行,满足用户需求。

太阳能热水系统设计原理图如图4-12所示。

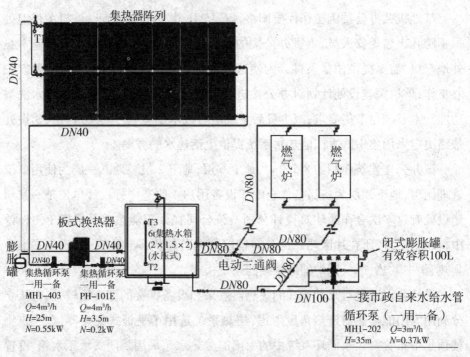

图4-12 太阳能热水系统设计原理图

太阳能热水系统施工图完成后,建设处招标确定了专业施工分包单位。专业施工分包单位进场施工前与设计公司进行了深入的沟通,并配合设计公司对系统施工图进行了深化设计。就在专业施工分包单位完成了深化设计后,由于管理模式、薪酬方面意见不合,项目技术负责人突然离开了项目部,主力人员的调整变动,导致施工一度停滞,太阳能设备材料的采购订货,施工队伍的协调组织迟迟不能进行。两个月以后,办公楼结构施工改造已接近尾声,经建设处的一再催促,专业施工分包单位才重新调换了项目技术负责人派到了现场,因为新来的项目技术负责人没有参与前期的设计配合和图纸深化,也不了解前面结构施工的现场情况,致使太阳能热水系统专业施工与工程总承包施工之间的对接严重脱节。当专业施工分包单位采购的设备材料开始陆续进场,准备安装的时候,地下一、二层的二次结构墙体和室内装修已基本完成。

此时,大型设备吊装孔已经封闭,起重机也已撤场,专业施工分包单位发现,如果现在将贮热水箱运到工地现场,已经无法通过吊装孔进行吊运了。项目施工负责人只好另想他策,准备利用设备水箱间的检修门洞将水箱运输进去。但来到地下二层以后却发现,进入设备水箱间的走道宽度仅为1.8m,而设备水箱间的门洞也只有1.5~2m宽。设计采用的整体封闭式承压贮热水箱因尺寸太大,无法通过走道和设备水箱间的门洞进行整体移位、运输,就位安装也无法进行,工作只能暂时搁置。专业施工分包单位心急火燎,一时想不出解决的办法,赶紧召集水箱厂家,请来工程总承包单位、建设方、监理方一起商量对策。

案例分析

水箱厂家首先说明,由于设计的太阳能热水系统贮热水箱是整体封闭式承压水箱,运到工地后,要进行就位,就必须采用专业设备进行吊运。工地的大型设备吊装孔是最理想的运输通道,如果现场的起重机没拆除,吊运水箱是很容易的事情。工程施工总承包单位附和道,在主体结构施工完成,二次结构施工还没有开始的时候,所有设备间都没有打隔断,现场具备条件将水箱吊运就位。但太阳能热水系统施工分包单位由于人员变动,接手的技术负责人迟迟不能到位,但现场施工不能等待,必须按照施工总进度计划正常进行,等专业施工分包单位的技术负责人到位,着手进行设备材料采购供货、系统安装的时候,办公楼结构施工已接近尾声,地下一、二层的二次结构墙体,室内装修已基本完成,才造成水箱无法运输安装的被动局面。

可是木已成舟,既成事实,指责也无济于事。建设方、监理方要求各方保持冷静,一起出主意,想办法,群策群力,尽快解决问题。太阳能热水系统专业施工分包单位提议,将封闭式承压水箱改为敞开式非承压水箱。敞开式非承压水箱可以散件形式运到设备水箱间内,然后在现场拼装焊接,再组装成一个完整的水箱。而且,敞开式非承压水箱造价及施工成本比封闭式承压水箱都低。因为水箱与大气相同,释放的系统压力,可以在水箱出口加一组变频水泵,供热水给各用户热水点。专业施工分包单位希望建设方和设计单位沟通,劝说设计单位同意按此修改进行设计变更。

最终,专业施工分包单位的提议没有被接受,一来,建设方确实与设计单位进行了沟通,但设计单位坚持采用封闭式承压水箱的原设计方案,因为,如果采用敞开式非承压水箱,相当于先将系统压力完全释放掉,再靠加压泵将系统压力重新提升起来供各用水点,在现如今强制节能措施要求越来越严的形势下,这样的系统形式根本不可能通过节能设计审核。二来,建设方也提出,原设计施工图已通过有关方面的强审,完成了备案。修改图纸需要重新报审,能否通过不敢保证,等待审批至少一个月,时间等不起,工程进度也不允许。

将封闭式承压水箱变更为敞开式非承压水箱无果,大家在一起继续研究,寻找突破口。案例处理对于封闭式承压水箱,不具备像敞开式非承压水箱可以拆成散件运输、拼装焊接再组装的条件。因为经拼接组装后的水箱承压强度很难达到在工厂流水线上,按照严格的制造标准、制造工序和检测手段一体成型加工的水箱承压强度,即使现场拼装焊接的水箱能够达到封闭式承压水箱的制造标准,其承压强度的试验也较难进行,结果很难预料。水箱厂家把这些问题向在场人员一一作了解释。大家把除拆解运输安装以外可能的办法又仔细讨论了一遍,结论是均不可行。经过专业施工分包单位与水箱厂家的进一步沟通,双方和工程施工总承包单位、建设方和监理方的共同协商,迫于无奈的现场条件,最后只能将封闭式承压水箱采用半成品分段到货,工程施工总承包单位负责运至设备水箱间,由专业施工分包单位现场进行组装焊接。因为该水箱属于压力容器,这样处理就带来了水箱在制作过程中设备、材料及人工成本的大幅上升。

现场拼装焊接的封闭式承压水箱为内圆外方形卧式构造,内外壳结构,水箱内壳为承压内胆,圆柱筒形,两端以圆形端盖密封,水箱外壳为长方形,采用SUS216不锈钢材质,作为内壳保护层。内外壳之间全部采用聚氨酯发泡保温棉填塞。

封闭式承压水箱拼接构造图如图 4 - 13 所示。

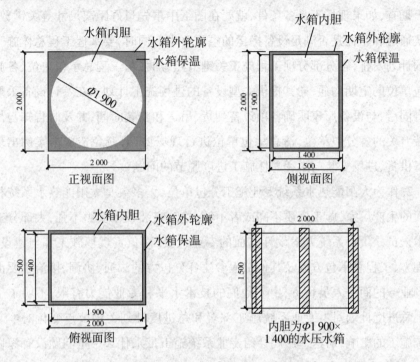

图 4 - 13 封闭式承压水箱拼接构造图

水箱拼装焊接后,按照压力容器检验标准进行打压试验,试验压力为 8bar (1bar = 0.1MPa)。组装后的水箱经压力试验后没有出现漏水现象。表明水箱承压标准符合规范和设计承压要求。在场各方人员终于舒了一口气。

不过,由于水箱是在现场由散件拼装焊接而成的,不满足压力容器制造质量标准及制造—检验—验收规范要求,无法获得质量技术监督部门出具的压力容器检验合格证书,导致因资料移交不完整而无法完成最终交用接管。至今,太阳能热水系统虽已正常运行两年有余,每年仍需要对承压贮热水箱进行一次压力检验,所幸检验结果没有出现过问题。

案例启示

从本案例中,我们可以得到以下几个方面的启示:

1.在太阳能热水系统施工中,对于有大型设备(压力容器、承压水箱、热泵机组、锅炉等)需要整体到货现场安装的情形,负责系统安装的专业施工分包单位应通过提前审核图纸,了解现场情况,搞清楚设备进场的通道和路径,并实地进行勘查,如果现场不具备条件,就要在图纸中事先量好距离尺寸等关键数据,核实通道和路径是否满足设备搬运的空间要求。同时,要掌握工程总体施工进度的计划安排,各分部分项工程施工关键节点,加强与工程总承包单位、各施工分包单位的定期沟通,向其提供大型设备的进场施工计划。在签订设备采购供货合同后,与设备厂家明确各项设备到货、吊运和安装时间,并及时告知与吊运安装有关的各分包单位,请总承包单位进行现场协调,避免造成本案例出现的设备供货、进场安装与工程总体施工进度脱节的问题。

2. 作为太阳能热水系统专业施工分包单位,大多数是太阳能热水系统相关方面的生产厂家,施工资质不高或者不够,施工安装技术实力不强,大部分工程技术人员是负责系统方案设计方面的专业人员,而负责现场施工和与建设方、监理方、工程总承包方以及其他工程参建各分包方的沟通、协调、接洽主要由跑市场业务的商务人员负责,由于他们的技术水平和专业能力有限,不明了工程施工总进度计划对本专业系统施工部署和总进度计划关键节点变化对本专业系统施工的影响,对这些影响会给专业系统施工带来什么严重问题没有深切的概念,难免会在实际施工过程中出现协调不力、沟通不畅、衔接脱节的漏洞和问题。

本案例专业施工分包单位项目技术负责人调整变动,却没有抓紧时间调派替代者及时到位上岗,致使项目部的组织协调迟迟不能进行,施工一度停滞,等调派的技术负责人到位,结构施工已接近尾声,地下一、二层隔墙、室内装修已基本完成,此时水箱已不具备条件运输。造成这个被动局面的出现,太阳能设备生产厂家自身在技术、商务和施工三方面配合不到位、信息不畅通也是另一个主要原因。技术人员往往只负责对着图纸出方案,基本上与现场脱钩。商务人员只负责跑项目,但缺乏技术和施工经验,在与参建各方打交道,为得到以后长期合作的机会"培养感情"的过程中,往往都会附和对方的要求,而不去考虑答应的条件是否切合实际。

施工人员通常是在工程开展后期进入现场,而且因为生产厂家施工资质和施工经验不足的现实问题,往往会把施工整体外包给有资质的分包队伍进行,施工中经常出现两种情况：一种是只照图施工，不顾其他；另一种是不顾图纸，全凭经验施工。

通过本案例的教训，给从事太阳能系统专业生产和专业施工的企业敲响了警钟。企业只有加强企业管理和业务技术方面的学习培训，加强企业骨干综合素质的培养，拓宽视野，提高眼界，才能胜任工作变化的复杂多样，也才能为每一个工程的顺利实施打下良好基础。企业也只有不断改进管理模式，不断提升自身管理水平，增强企业核心竞争力，才能在激烈的市场竞争中求生存，促发展，立于不败之地。

3. 本案例太阳能热水系统专业施工分包单位、工程施工总承包单位均由建设方单独招标确定。专业施工分包合同、工程施工总承包合同也分别与建设方签订。从本案例出现的专业施工分包单位准备吊装水箱，而现场吊装孔已封闭，起重机已撤出的被动局面可以看出，建设方在与专业施工分包单位和工程施工总承包单位签订的两个合同里对谁是承担运输设备到就位地点的责任主体没有明确清楚。不能不说这是建设方制订合同条款时的一个缺陷。依据通常的专业设备采购供货和施工安装合同的条款约定，从设备卸货到工地指定地点的负责方一般为专业施工分包单位。设备从指定地点到设备机房的垂直运输责任方为工程施工总承包单位。但专业施工分包单位与工程施工总承包单位之间不存在合同关系，他们之间只有通过建设方的联系才会产生交集。所以，协调专业施工分包单位顺利使用垂直运输机械的责任方应该是建设方。按照合同约定，专业施工分包单位只需要把自己的货物按时运到现场就算完成任务，至于采用什么样的运输设备，用什么方式搬运到水箱间，因为不在自己的合同范围内，可以不去关心；工程施工总承包单位也只需要把货物运到水箱间就算完事大吉，至于货物采用整体运输还是散件运输与自己无关。这种情形下，建设方的协调作用显得尤为重要。而本案例建设方却没有扮演好这个角色。使本应先整体吊装运输水箱设备然后进行吊装孔覆盖，撤出起重机的几个环节衔接点因建设方没有事先协调落实好而变成了真空点。

作为建设方，在订立包含大型设备供货的安装合同时，要明确设备从制造出厂、货物运输、现场安装到售后维保过程中的每一个细节，每一个阶段，以及所对应的各方应承担的责任。作为专业施工分包单位，对大型设备运输、卸货、吊装过程中可能出现的特殊情况要事先给建设方和工程施工总承包单位提个醒。作为工程施工总承包单位,对影响到大型设备运输吊装计划的机械使用和现场条件变化都要仔细核实,把可能出现变化和转折的情况及时与建设方和需要运输大型设备的专业施工分包单位进行沟通,以便对方能提前做好应对预案,防患于未然。

第二节 管道泵阀及附属配件系统常见问题案例分析

管道泵阀及附属配件系统的作用是建立热能或热水传输通道,把太阳能集热系统和辅助加热系统的热能或热水输送到贮热系统,把贮热系统的热能或热水输送到热水管网末端用户。管道泵阀系统一般由供热循环管道、循环水泵、供热水泵、连接管道的各控制阀门和附属配件以及管道外覆保温组成。

业内众所周知,在太阳能热水系统实际应用中,集热系统、贮热系统和辅助加热系统等方案选型是否结合了现场环境、现场条件进行了合理而全面的设计考量,整体热水系统是否采用了稳定性、可靠性、安全性最优的设计形式,是决定太阳能热水系统使用效率高低和使用效果理想与否的关键因素。但往往对连接和组成太阳能热水系统管道的材质、阀门、连接件等附属配件的选型不当或质量低劣,管道设计走向或循环水泵型号规格计算有误,以及设备减振、管道消声、设备建筑隔声等非太阳能热水系统本身的问题对系统运行造成的不利影响,甚至会导致系统瘫痪的严重程度重视不够。

由于太阳能热水系统管道中的工质通常为50℃以上甚至为80~90℃的热水,在管道材质的选用上应充分考虑输送以热水为工质的管材长期处于较高温度和中短时处于特高温度的情况,从而慎重和正确选用耐受高温、使用寿命期长的管材、管道连接件、阀门密封等材料形式。同时对所选管材、管道连接件、阀门等附属配件的质量必须有所保证。

对于太阳能热水系统中最关键的动力设备之一——循环水泵设计参数的计算,以及影响管道阻力大小,水流是否顺畅的管道走向、位置高低的路由设计,设计人员更要慎之又慎,充分考虑可能发生的一切不利因素,仔细核算,综合比较,反复推敲,才能设计出一个功能完善合理、切合实际需要的设备选型和

管道系统。

　　管道泵阀系统中,对长期运转、可产生持续噪声的动力设备进行减振,对可以传递动力设备噪声的管道进行消声,对安装有运转动力设备的机房墙顶面进行建筑隔声吸声,采取相应的处理措施同样不可忽视。虽然这些问题的产生不会对太阳能热水系统运行造成直接影响,但会对人们能否接受太阳能热水系统长期运行造成负面影响。因此,设计人员在进行管道系统和设备选型设计时应把这些问题的解决方案或途径一并考虑进去。

一、设计管材选用不当,变形瘫软堵塞管道案例

　　某住宅太阳能热水系统改造工程于 2013 年 4 月完成安装调试,调试中系统运行正常,达到设计要求。同年 5 月系统投入使用,但运行至 8 月,安装在楼顶太阳能集热系统高点的放气阀开始不断冒出蒸汽,集热系统也相继出现高温、热水产量持续不足的现象,用户多次向物业管理部门反映洗澡时热水量偏小、水温忽冷忽热。在用户反应情况初期,物业管理部派维修人员对热水系统进行了排查,调整了集热系统管路部分阀门开度,对系统放气阀进行了疏通。但好景不长,几天过后,用户反映洗澡时热水量偏小、水温忽冷忽热的问题依旧。物业管理部意识到问题严重,遂通知施工单位来现场解决。

　　案例分析

　　施工单位和太阳能设备供货厂家技术人员来到现场,对太阳能集热器、循环设备、控制系统进行了检查。厂家技术人员分析说,夏季太阳能产量高,产水温度也会较其他季节高。就检查情况看,热水循环泵和控制系统工作都很正常,太阳能集热器和水箱温度探头也能正常显示。在场物业部管理人员反映,太阳能集热器在晴天长时间使用后,温度会不断升高,而水箱升温却很慢。热水循环泵运转时,太阳能集热器温度不降反升,推测太阳能集热器产生的热量不能及时输送到水箱。而且从现场检测的结果看,系统产水量目前也达不到设计值。太阳能设备供货厂家技术人员又核对了设计管径和循环泵选型,并无问题。最终怀疑是管道堵塞,便让施工人员拆下管道过滤阀,却并未发现里面有杂质。于是决定顺藤摸瓜,拆下过滤阀前后的部分管道。在拆下的管道里,在场人员发现,有一节连接处的塑料管接头脱落在管道里。太阳能设备供货厂家

技术人员向在场人员说明:正是这节塑料管接头把这段管道堵住了,才造成了问题的发生。

看到在场人员不解的表情,太阳能设备供货厂家技术人员进一步解释道:热水系统虽然采用了符合国家耐热温度要求的塑料管材,但塑料管材对于持续的高温环境耐受力有限,特别是布置在楼顶的太阳能集热系统,在夏季炎热高温天气中,热水温度最高能达到近百度,塑料管材经常会出现变软而缩小管径,或脱落堵塞管道导致系统无法正常运行的情况。

案例处理

事实摆在眼前,导致太阳能集热器出现高温,产水量不足,水温忽冷忽热现象的原因不言自明,施工单位更是无话可说,主动表示,马上调集资金和工人进行整改,尽快让系统恢复正常使用,挽回影响。为了改造后的太阳能热水系统更安全可靠和使用稳定,整改中,施工单位根据以往投入使用的工程案例经验,并征得物业管理部同意,决定将热水循环系统塑料管道全部改为热镀锌金属管道。两个星期后,整改后的太阳能热水系统恢复运行,一切正常。集热器温度和系统产水量均符合设计要求。至此,问题得以彻底解决。

案例启示

太阳能集热系统温度受天气变化影响较大,温差变化可在 5~70℃ 之间,温度最高甚至可达到 90℃ 以上,因此,太阳能集热系统所使用的管道材料不宜采用塑料制管材,如 PPR 管、衬塑管、涂塑管以及各类复合管材。PPR 管虽然可以作为热水管材使用,检测报告数据也显示热水 PPR 管材长期使用温度在 70~80℃ 之间,瞬时温度可达 95℃,一些质量优越的 PPR 管材,其检测报告数据显示长期使用温度可以突破到 80~90℃ 之间,瞬时温度可达到 110℃,但这些数据通常是在压力、温度较恒定的试验条件下测试的结论,而实际应用中,因四季更迭,管材所处的环境温度随之变化,系统运行情况也会千差万别,夏季白天阳光暴晒,安装于室外的管道系统,水温会长时间处在 90~100℃。到了夜晚,水温又回到 70℃ 左右。冬季天气寒冷气温低,日照时间短,安装于室外的管道系统,水温可保持在 60~70℃ 的时间较短,为了避免夜晚环境温度降到零度以下,导致安装于室外管道里的水结冻,还要对管道采取防冻措施。而塑料管材热膨胀系数大,低温脆性大,抗紫外线能力差,难以适应集热系统管道如此悬殊的温差变化,一旦遇到这种状况,很容易变形瘫软。而复合管材采用不同的内外材质、膨胀系数不同,当长期热水通过时,也易造成内衬局部脱落,堵塞管路。即使能挺过悬殊的温差变化这一关,使用寿命也会大大缩短。对于瞬时温度可达95℃,甚至110℃的检测报告数据,通常指的是瞬间或短暂水温耐受值,只能作为突发情况的数据来参考。

从市场因素看,塑料管材受假冒伪劣产品和不合格产品的困扰,并没有得到很好的持续性发展,相反却给市场留下了"塑料管材不耐用"的坏印象,以致很多设计人员以及建设方和使用方对塑料管材在太阳能热水系统上的使用失去了信心。

因此,太阳能热水系统所使用的管道应尽可能采用金属材质管道。依据行业市场普遍采用的金属管材类型,并综合考虑系统承压、传热工质等因素,选择顺序建议为:薄壁不锈钢管、紫铜管、热镀锌管。

衬塑钢管和衬塑钢管管件如图4-14所示。

衬塑钢管　　　　　　　　　　　衬塑钢管管件

图4-14　衬塑钢管和衬塑钢管管件

本案例太阳能热水系统出现的问题,是因为一节管道连接处的塑料管接头脱落在管道里,导致管道堵塞所致。其中,塑料管材选用不当,长时间在冷热温差悬殊的环境里使用,易造成变形变软而脱落固然是一个主要因素,但施工单位在太阳能热水系统施工中没有严格按照塑料管件热熔连接的要求进行安装也是一个不容忽视的因素。塑料管件连接前,必须用专用卷削工具剥去外敷层,并彻底清除干净,达到管材与管件连接端面清洁、干燥、无油渍污渍以后再进行熔接。热熔连接时需使用专用热熔工具，并严格按照热熔连接步骤进行，管端导入加热套内的深度、推入的方式、加热的时间都应按规定操作。若环境温度小于5℃，加热时间还应延长50%。如果施工单位都能按照以上要求施工到位，正常情况下，塑料管材的使用寿命是可以达到出厂时标明的使用期限的。而不会出现本案例太阳能热水系统刚刚投入使用2个月就发生塑料管件脱落的现象。

由此看出，一个施工细节的好坏往往决定了一个工程质量的好坏。施工人员只有对自己所从事的职业抱有敬畏之心，脚踏实地，一丝不苟地工作，才能做到防微杜渐，杜绝工程质量隐患。

二、防倒流装置已增加，改造后为何又炸管案例

话说在"集热器及系统集成与安装案例分析"这一章中列举的一个案例中，新建培训楼安装在屋面不同标高的集热器出现炸管后，太阳能设备安装厂家在水箱间屋面太阳能集热器总出水管上加装了一个深U形管，并更换了质量上乘的真空玻璃管之后，集热管里面的存水不再倒流至贮热水箱，从夏季到秋季没有再出现真空集热管炸管现象。

光阴荏苒，转眼到了冬季，一般来说，这段时间，是太阳能集热系统制热效率最低的时候，需要依靠辅助热源投入热水系统工作。但在天气晴好，阳光充足的日子里，太阳能集热系统制热仍能发挥有效的作用。

12月中旬，恰逢1～2周阳光明媚的大晴天，后勤管理部决定恢复太阳能热水系统的运转，白天充分利用太阳能制热，晚间起动辅助热源加热，来满足培训学员们全天的热水供应。

但就在太阳能热水系统刚刚运行5天后，屋面集热器玻璃真空管却再次发生了炸管。案例分析后勤管理部再一次打电话约来了太阳能设备安装厂家售后人员。当售后人员询问发生炸管的具体情况时，后勤管理部门负责人毫不客气地指出，厂家在8月底的改造中没有把问题彻底解决，致使在事隔才3个多月再次发生炸管。到底是更换的玻璃真空管质量仍存在问题，还是加装的U形管不合格，导致真空玻璃管中的存水再次倒流进了贮热水箱。厂家必须严肃认真对待，否则，将不再支付工程质保金尾款。

　　太阳能设备安装厂家技术人员和维修人员听后既感到冤枉也觉得蹊跷。为彻底解决玻璃真空管炸管问题,保证系统稳定运行,改造前,对如何采用既简单有效,又省钱省时的改造办法进行了反复论证,并作了试验。

　　最终确定了 U 形管方案。在更换哪个品牌的玻璃真空管问题上也进行了反复考察比较,可以负责任地说,通过 U 形管方案改造,完全解决了当时的玻璃真空管炸管问题。但为何 3 个多月后再次发生同样情况? 厂家技术人员和维修人员再次来到屋面。

　　厂家技术人员和维修人员首先检查的是水箱间屋面上 10 组集热器,发现并未发生真空集热管存水倒流至贮热水箱的现象。再回到楼顶屋面,对 120 组集热器进行检查发现,部分破损的玻璃真空管里面的水已经结冰,还有一些破损的玻璃真空管内表面已经附着了一层较厚的水垢。厂家人员看到这两种情况,明白了玻璃真空管炸管的原因。他们询问后勤管理部负责人,最近是否有过停电或断电检修设备的情况,后勤管理部负责人回答,2 天前一个夜间,因为太阳能循环水泵故障,确实进行了断电检修,为保证第二天正常供水,抢修了大约 4h。厂家技术人员告诉后勤管理部负责人,这就是玻璃真空管炸管的主要原因。并做了进一步分析:

　　本工程太阳能集热系统设计有循环防冻 + 电伴热带双重防冻措施。太阳能集热系统循环防冻,即当屋面太阳能集热系统循环管路水温低于 5℃时,太阳能集热系统循环泵自动起动,当屋面太阳能集热系统循环管路水温高于 12 ~ 15℃时,太阳能集热系统循环泵自动停止,从而实现太阳能集热系统的循环防冻功能。

　　太阳能集热系统电伴热带防冻主要在太阳能集热系统循环泵故障等原因导致循环防冻失效,造成太阳能集热系统循环管道里面的水结冰的时候使用,在电伴热带系统通电后,将结冰化开,实现自动解冻功能的作用。

　　冬季夜间温度较低的情况下,即使管道做了保温或加装了电伴热带,也不能保证玻璃真空管内的“死水”因温度下降而不结冰,“死水”一旦结冰,就很容易将玻璃真空管胀破。现在正值最寒冷的冬季,夜间室外温度都在 −6℃左右,此时断电检修 4h,屋面玻璃真空管里面的存水马上就会结冰,进而胀破真空管。我们现在看到的部分破损的玻璃真空管就属于这个情况。

另外,太阳能热水系统制出的热水水温都在50℃以上,管道里面的水含有的杂质随着水温的升高或蒸发,就会浓缩并附着在集热器联集箱和玻璃真空管内表面上,生成固体附着物,也叫水垢。水垢导热系数小,在玻璃真空管内壁形成致密水垢层,随着水垢层增厚,玻璃真空管吸热体和管内的导热流体热交换受阻,在水垢的内外表面形成一定温差,当太阳辐射较好时,水垢外层温度较高,与水垢内层会形成更大温差,造成水垢裂纹。当温度较低的冷水沿裂纹进入玻璃管内壁时,也易造成炸管。我们看到的另外一部分破损的玻璃真空管内表面附着了一层较厚的水垢,导致这些玻璃真空管炸管就是这个原因。

案例处理

炸管原因虽然找到了,但后勤管理部并不认可炸管和断电维修有什么必然联系,毕竟系统运行中总会存在设备维修的情况,总不能怕炸管就不维修设备吧!再说,冷水补水前已经安装了除垢器,谁会想到管道里还会结垢!

厂家技术人员耐心解释:在寒冷的冬季,确实需要断电维修设备时,应尽量选择室外温度较高的白天,如果迫不得已要在夜间维修,也要尽量缩短维修时间。电伴热带接电要与主要动力设备用电回路分开,最好从其他配电箱接入。维修时,电伴热带能保持始终开启状态,这样能大大避免真空管内"死水"结冰,胀破玻璃真空管的可能。

虽然冷水补水前安装了除垢器,能一定程度延缓结垢的时间,但培训楼的供水来自院内的深井地下水而非市政自来水,各项水处理指标没有自来水厂处理到位。钙镁离子含量是比较高的,即使有除垢器,对于较高浓度的钙镁离子,除垢器磁性区域吸附后会很快产生沉淀,磁效随之急剧下降,除垢效率就会越来越低。这种情况下,需要经常拆下除垢器,清理沉淀物,以保持其较高的工作效率。另外,单靠除垢器是不够的,还要定期对热水系统循环管道、贮热水箱进行水垢处理,比如使用水处理化学试剂。从破损的玻璃真空管内表面附着的水垢厚度看,自系统投入使用到现在应该没有做过水垢的化学处理。

后勤管理部人员面面相觑,只好承认。

厂家技术人员和维修人员对管道、水箱重新进行了水垢处理,并拆下冷水补水管前加装的水垢处理器进行了清理。再次免费更换了破损的真空管,至此,炸管问题得以解决。案例启示弥补了设计缺陷,安装了防倒流"U"形管,更换了质量上乘的真空管产品,却再次发生炸管,不禁让人反思。一个工程设计合理、施工质量优良,但运行使用过程中的维护管理不到位、不规范,仍难成为一个好的工程。

本案例后勤管理部为维修太阳能循环水泵,在不影响学员生活的前提下,夜间断电维修,出发点是好的,问题出就出在决定断电维修前是否仔细全面考虑过这种方式所带来的影响,是否对 4h 的维修时间会导致真空管内"死水"结冰胀破真空管估计不足,也或许根本不知道有这种可能。后勤管理部认为冷水补水前安装了除垢器,管道里就不会再结垢了。其实与断电维修的思维方式存在同样的情形,即估计不足,或者根本不了解有这种现象发生的可能。

我们看到的大部分工程案例,在交付使用后的运行管理模式无外乎是每天对系统、设备进行巡视、记录数据、填写工作日志。系统、设备如果出现了问题,后勤管理人员通常会认为是设计或施工的问题,而与维护管理无关,只要叫施工单位或找设备厂家过来解决就万事大吉了。而实际的工程案例情况表明,系统、设备投入使用之后出现的问题有很多是因为系统运行维护管理不善而造成的。运营管理人员知识水平不高,专业素质低,业务培训不够或没有培训的情况比较普遍,造成系统的运行维护制度不规范,运行维护管理不到位。运营管理人员只局限于巡视、记数、填表等简单重复工作,满足于有问题及时修,事后再补救的现状,很难做到事前预测和事前控制,防患于未然。这种情况带来的问题可能会是:一个功能完善、安全稳定的系统发挥不出其最大功效。

看来,要想获得精品工程,不光要有合理的设计、优良的施工,还需要有一支具备较高专业素质的优秀运营维护管理队伍。

三、系统运行发出不明声音,原是管道水锤从中作怪案例

苏州某职业学校为迎接 2012 年新生,筹建一座新学生宿舍。经过几个月的紧张施工,工程于 2012 年 8 月竣工验收,投入使用。该宿舍楼生活热水是以太阳能为主要热源的热水系统工程,集热器采用全玻璃真空管太阳能集热器,安装在宿舍楼屋面,首层淋浴间隔壁设置有 4 台集中式燃气热水器,作为辅助热源,在太阳能不足时进行补充。

太阳能热水系统投入使用后一个月,很多学生反映,晚上洗澡时,经常能感

觉到热水管道振动很大,有时会伴有"咚、咚、咚",像锤击一样的声音。物业部经排查,确认振动和锤击声音是从热水管道中传出来的。系统刚使用一个月就发生这样的情况,物业部也很紧张。因为学生们已经在学校网站上开始不断发帖,反映宿舍楼工程质量不过关,热水管常常发出令人恐怖的声音,害怕哪天一不小心,洗澡的时候发生爆管出现危险,并一致呼吁:要不拆管重装,要不学校另给学生们安排宿舍。物业部心里十分焦急。显然,如果不尽快把问题解决,接下来事情的发展会对学校造成更不利的影响。物业部催促施工单位尽快到现场排查。

案例分析

施工单位接到通知来到现场。物业部将发生的情况向施工单位作简要说明以后,不客气地说,太阳能热水系统刚刚运行一个月就出现问题,实在说不过去,作为运营管理方难以接受。出现这样的事情不是太阳能设备质量有缺陷,就是施工安装有问题。施工单位反驳说,我方施工是完全按照施工操作规程进行的,工程竣工验收也已顺利通过,并达到了合同要求的质量合格标准。贵方说施工安装有问题,我方不赞同,应该是产品质量的问题吧!物业部认为,设备材料也为施工单位所采购,如果是产品质量的问题,同样也应该由施工单位负责处理。施工单位表示认同,打电话通知太阳能设备厂家售后人员来现场。很快,厂家售后人员赶到现场,对管道仪表、水泵、阀门等系统部件一一进行了排查,检查结果显示各系统部件一切正常,并未发现热水管道有振动很大和伴有锤击声响的现象。第二天,天气晴朗,物业部、施工单位、太阳能设备厂家一行人再次来到现场观察,将系统起动2h后再停止,结果发现,当关闭太阳能热水系统循环水泵时,太阳能热水循环管道会出现很大的振动,同时伴有似"咚、咚"的响声,很像锤击,且持续时间较长。太阳能设备厂家售后人员由此判断,这是一种水锤现象。而造成管道较大振动并伴有锤击声响的原因应该是由"水锤"引起的。

太阳能设备厂家售后人员进一步解释道,当太阳能热水系统管道中的水流动状态突然改变时,例如,阀门的突然关闭或突然开启,水泵的突然起动或突然停止,因为水流速突然且迅速地发生变化,按照水流的惯性,管道内部的压强有时会产生剧烈地波动,即压强的突然上升或突然下降,这种压强突变引起的波动会让管壁产生振动,并伴有似锤打的声响,而且,这种波动会沿着整条管道范围传播。当太阳能热水循环水泵停转时,循环管道内的水流速会急剧下降,压强将迅速上升,此状态称为正水锤。正水锤甚至可能造成管道爆裂。而当太阳能热水循环水泵开启时,循环管道内的水流速又会急剧上升,压强将迅速下降,此状态称为负水锤。负水锤会让管道出现真空和汽蚀,造成管道变形。

原因找到了,大家也松了一口气。物业部要求太阳能设备厂家抓紧拿出解决方案,尽快实施,毕竟,长时间的频繁水锤最终会对系统管道造成破坏。

案例处理

太阳能设备厂家售后人员进一步向大家介绍,根据水锤产生的机理,削弱水锤的方法很多,通常采取以下几个方面的措施:

1. 延长阀门关闭时间,在缓慢关闭阀门的过程中,水流就不会突然停止流动,而是变成一个逐渐停止流动的过程,在这个过程中,动能转化为压力势能的速度就要小得多,从而有效地削弱水锤。常见的做法是安装缓闭型阀门,缓慢开启或关闭阀门,从而达到防止水锤的目的。

2. 缩短热水循环管道长度。对于太阳能热水系统来说,缩短热水循环管道长度不仅可以降低成本,还能有效地缩短水锤波动沿管道传播的距离,减小水锤压强,尽量使直接水锤转变为间接水锤。

3. 控制太阳能热水系统循环管道流速,将最大流速控制在不大于1m/s。

4. 在阀门或水泵前设置溢流阀。当水锤发生时,部分水流可以通过溢流阀从管道里排出去,实现降低水锤压强的目的。

5. 选用抗水锤冲击强或材质弹性较高的管材。在太阳能热水系统循环管道使用中,铜管、铝管会比钢管有更好的防水锤性能。弹性较大的软管,如橡胶管或尼龙管,都可以有效地吸收水流波动带来的冲击,更好地减轻水锤压强。不过,对于弹性较大的软管,其强度、硬度、坚固性和耐久性又是不得不考虑的几个重要因素。因此,选用什么性质的管材,需要将各个方面的因素综合比较,慎重选择。

6. 安装膨胀罐或膨胀水箱。在太阳能热水系统循环管道中安装膨胀罐或膨胀水箱,也可以有效吸收水流冲击能量,明显消除水锤。

太阳能设备厂家售后人员继续分析说,在以上几项削弱水锤的措施中,缩短太阳能热水系统循环管道长度，控制太阳能热水系统循环管道流速，选用抗水锤冲击强或材质弹性较高的管材这三项措施应该是设计阶段考虑和完成的。如果在本次改造中采用可以延长关闭时间的缓闭阀门替换现有安装的阀门，以及在阀门或水泵前安装溢流阀的方案，一是改造成本高，二是重新采购阀门订货时间长，改造施工周期势必会拉长。根据工程实际情况，结合太阳能热水系统设计形式，从方便施工、控制成本、安全有效几点综合比较来看，我方认为在太阳能热水系统循环管道中加装膨胀罐措施是比较适宜的改造方案。膨胀罐不占空间，造价低，又能起到有效吸收冲击能量的作用。物业部将太阳能设备厂家的建议与设计单位进行了沟通，设计人员经核算，认为可行。

太阳能热水系统按上述方案改造后，运行过程中没有再出现管道振动和锤击声响的问题。

案例启示

水锤在大型石油、化工、自来水行业系统运行中是较常见的现象，特别是在流量较大、承压或楼层较高、水泵需要频繁开启的流体管路中更易发生。为此，这些行业经过多年的摸索实践，已经积累了不少成熟的经验和比较完善的防水锤措施。其中各类缓闭型阀门就是据此需要应运而生的，现在已形成了系列产品，作为削弱水锤的措施之一，被广泛应用于各种流体系统管道中。

太阳能热水系统服务于建筑生活热水供给，系统相对简单，管路不长，设备不复杂，服务的建筑物楼层一般不会很高，系统承压也较低，发生水锤的情况不多，但确实有实际工程案例反映，这种现象曾经发生过，而且因设计人员或物业管理人员欠缺这方面的经验，水锤发生后，没有及时采取有效措施，对系统管道造成了较大程度的破坏。可以这样说，它就像一颗埋藏隐蔽很深的雷，不炸则已，一炸就是百分之百的破坏。因此，从事太阳能热水系统工程设计和施工安装的人员应对系统发生水锤的可能性高度重视，对发生水锤以后，给系统造成的危害不容忽视，切忌存在侥幸心理。

设计人员在设计阶段就要未雨绸缪，在进行太阳能热水系统管道设计时应考虑防水锤措施，比如，尽量缩短热水系统循环管道长度，控制循环管道流速，选用抗水锤冲击强且材质弹性较高的管材。又比如，在水泵出口等关键部位选用和安装缓闭型阀门，让阀门的关闭变成一个缓慢的过程，使水流随之变成一个逐渐停止流动的过程,最大限度地减弱水流冲击,从而有效地削弱水锤。还可以在主要阀门或水泵前设置溢流阀,一旦发生水锤,尽可能将水流冲击能量释放出去,把发生水锤时对系统造成的危害减小到最低。

太阳能热水系统工程施工安装企业或太阳能设备厂家,是长期从事该行业施工或者设备生产的专业队伍和人员,对太阳能热水系统工程在设计和运行使用中容易发生和忽视的问题最了解,对通常采取什么样的措施可以避免这些问题也最清楚。施工安装企业或太阳能设备厂家不应该只满足于照图施工,不提问题,验收交活。而应在施工前和施工中,针对设计图可能出现的遗漏或考虑不全面的地方及时提醒设计人员和建设管理单位,以便设计人员和建设管理单位尽早采取补救措施,避免系统投入使用后出现问题再进行改造这种亡羊补牢、劳民伤财的结果发生。

提高太阳能热水系统运行可靠性、安全性,减少系统运行维护工作量,降低运营维修成本,延长太阳能热水系统使用寿命,提升企业在消费者心目中的形象,需要工程参建各方的努力才能实现,也只有这样,各方的努力付出才具有更实际、更积极的意义。

第三节 贮热系统与辅助加热系统常见问题案例分析

为满足用户在用水时间内的热水使用量,在太阳能热水系统设计中都会考虑一定容积的热水储存,以应对用水高峰时进行热水量调节。热水储存和调节装置通常采用两种形式:非承压式水箱(罐)或承压式水箱(罐),储存和调节容积通过用水高峰时的用水人数、用水时间经计算确定。计算的准确与否决定了热水储存量和调节量的合理性、适用性。一定程度上也是确保用水稳定可靠的重要因素。计算热水储存和调节装置时,采用分散式储存和调节装置进行分户或分区调节,还是采用集中式储存和调节装置进行集中统一调节,应视用水时间差异、现场安装条件、管线长短、阻力大小等工程实际情况而定。不论采用哪种形式,设计人员都应准确计算不同形式引起的各个用水点(特别是最远点和最高点)阻力、水温、压力的变化,以及这些变化对热水储存和调节形式的影响,经过多方比较,选择用水稳定性、可靠性最优的储存和调节装置方案。要想达到较理想的设计效果,设计人员的经验、水平、责任心至关重要。

对于集中太阳能热水系统工程,贮热水箱容量一般比较大,因此贮热水箱只能放在可以承重的位置,通常放在建筑物设备间、楼顶承重墙(梁)、地面(或从地面架起来)、地下室等位置。对于集中集热 – 分户贮热的太阳能热水系统或阳台壁挂太阳能系统,每户水箱的容量在 60 ~ 120L 之间,一般放在厨房、卫生间、储物间、阳台或南立面墙等位置。分体承压系统,每个系统水箱的容量在150 ~ 500L 之间,一般放在设备间、厨房、浴室、车库、储物间等位置。紧凑式家用太阳能热水器系统,水箱一般放在平屋顶上,对于坡屋顶,水箱放置在屋脊位置的较多。

虽然太阳能清洁环保、取之不尽,但太阳能热水系统在实际应用中,却做不到一年四季源源不断用之不竭。天气季节的变化是影响太阳能热水系统正常使用的最大客观因素。在阴雨天,太阳能热水系统效率会迅速降低,产热水量很难达到设计热水量要求。在寒冷季节,太阳能热水系统大部分时间无法使用。因此,在进行太阳能热水系统设计时,必须考虑设计辅助加热系统。选择什么形式的辅助热源也要具体情况具体分析。当项目周边有可以利用的热源时,应当首先采用,这样可以最大程度地减少投资,保证辅助加热系统稳定。在项目周边没有可以利用热源的情况下,再通过方案比较选择其他辅助热源形式。目前通常采用的辅助热源形式有:电辅热、空气源热泵辅热、锅炉水辅热。选择辅助热源形式主要考虑以下四个原则:

1. 辅助热源必须是工程现场具有的,或者已经列入安装计划的热源。

2. 辅助热源最好是清洁能源。太阳能具有清洁无污染的特点,这也是用户选择安装太阳能热水系统的原因之一。因此选择辅助热源,最好选择同样具有清洁属性的能源。

3. 辅助热源最好是稳定供应或可以有规律供应,且容易实现自动起动或停止的热源。因为太阳能产热水量直接受天气阴晴影响,具有不确定性,为了保证热水供应,必须根据热水需求和太阳能产热水多少,随时起动或停止辅助热源,以弥补太阳能产热水量的不足。例如区域供暖热力或市政热力,虽然这种热源大部分时间在冬季供暖期才有,但在整个供暖期内,其供应是稳定和有规律的。

4.选择能源价格相对较低的热源作为辅助热源。按照我国现行的能源价格,其单位能量的能源价格见表4-1。从表中可以看出,采用燃油或常规电力作为辅助热源,能源价格最高。采用天然气、低谷电作为辅助热源,能源价格相对较低。采用空气源热泵作为辅助热源,可以减少用电量,降低热水能源成本。

表4-1 不同能源加热热水的成本比较

辅助加热类型		能源消耗量	能源单价	60℃热水成本（温升45℃）
电辅助加热	低谷电	55 度/t	0.35 元/度	19 元/t
	民用电	55 度/t	0.485 元/度	27 元/t
空气源热泵辅助加热	公用电＋热泵辅助加热	18 度/t	1.05 元/度	19 元/t
	低谷电＋热泵辅助加热	18 度/t	0.35 元/度	6 元/t
	燃气辅助加热	6.7m³/t	2.26 元/m³	15 元/t

根据上述四项原则,可以得出如下结论:

1.电辅助加热是绝大多数地方都具备的清洁热源,也是目前太阳能热水系统选择较多的辅助热源。但电辅助加热存在热水能源费用偏高和加热功率有限的问题,且较难实现随缺随用或实现起来费用太高。采用电辅助加热必须提前开启,将水加热储备在水箱里,以备高峰用热水时间段使用。这样一来不能充分利用太阳能热,二来不能充分体现太阳能节能效果。再者,我国电力能源50%以上来自火力发电,整体效率35%左右。用高品位电能加热水,存在用能方式不合理和燃煤污染转嫁问题。因此,对于必须选用电辅助加热的太阳能热水系统,建议增加空气源热泵辅助供热,可减少约50%的用电,从而降低能源成本及电消耗量。

2.在有天然气锅炉或能源站的地方,应优先选用该能源作为太阳能热水系统的辅助热源。燃气热效高,可实现随缺随用,既能最大限度地发挥太阳能作用,又能节约燃气,实现两种能源优势互补。燃气属于清洁能源,用能方式非常合理,价格相对较低,是太阳能辅助热源的最佳选择之一。

除贮热调节装置容积的设计和辅助热源形式的选择是太阳能热水系统设计的关键因素外,对安装贮热调节装置的水箱间通风换气,防止温湿度过高过大造成冷凝水侵蚀损坏电气设备元器件,以及安装有动力运转辅助加热系统的设备间进行消声减振,防止振动噪声过大影响用户正常生活,也必须是设计人员重视和考虑的要点。如果处理不好,同样会制约太阳能热水系统最大效率地发挥。

一、分散式贮热水箱串联过长,系统压力及热水供应不足案例

案例简介

某保险公司随着业务的不断扩大,市场知名度、认可度越来越高,公司效益近几年成倍增长。为适应市场发展的需要,向国际保险巨头看齐,该保险公司决定面向国际招聘大量有商业管理经验和市场营销经验的高端人才,推动公司保险业务向更高端发展。该保险公司同时决定,为给招聘来的高端人才提供优质的培训服务和高标准的学习环境,将建设一座高端商学院。该商学院不仅供本公司高级职员学习培训,还可面向社会,承办各类高端商业会议和培训讲座。

新建商学院分为东、西两楼,建筑面积约 $10\ 000m^2$,地上五层,西楼局部六层,均为平顶建筑,一层为共享大厅、业务展示厅和学员餐厅。二、三层为各类多媒体教学、网络视频教学、远程互动教学等高端培训教室。四、五层为学员住宿标准客房。客房标准间共设 40 间,总统套房 2 间。

保险公司领导层在商学院立项之初,就确定了现代、绿色、节能、舒适的建筑理念。因此,在设计阶段,工程部就向设计公司提出了利用太阳能热光伏照明和提供洗浴热水的要求。设计公司经慎重比较,认为太阳能热水技术在工程领域比较成熟,而太阳能光伏发电用于照明受各种条件和市场发展的制约还没有广泛应用于工程建设项目中。在征得工程部的同意后,确定本项目住宿客房和学员餐厅的生活热水系统利用太阳能供热的最终方案。不过,设计公司提出,设计人员对太阳能热水系统设计不了解,不熟悉,建议这部分内容由专业太阳能设备厂家深化设计并安装,得到工程部同意。

项目设计完成后,工程部招标确定了该项目施工中标单位——××建筑公司。××建筑公司将太阳能热水系统分包给了××太阳能设备厂家分公司,由其进行深化设计和施工安装。××太阳能设备厂家分公司与××建筑公司签订了施工分包合同后,对太阳能热水系统首先进行了深化设计。

经深化的设计方案为:太阳能热水系统采用42台家用一体机太阳能热水器(即太阳能集热器、贮热水箱、供水泵、系统管道一体化集成),贮热水箱容量210L。一体机太阳能热水器安装在屋面。太阳能热水系统日供应热水量为8.5m³/d,太阳能热水器排布方式为南北方向前后共6排,每排7台,每排采用东西串联方式,单台太阳能热水器进出水管开孔为DN15,串联管道管径为DN15,串联后的管道沿水箱端盖侧下方敷设。系统补水方式为:在串联的每排最西头太阳能热水器水箱的位置安装了1个浮球补水箱,为每排太阳能热水器进行补水。因为项目地处南方,全年大部分时间基本处在温暖季节气候条件中,××太阳能设备厂家分公司没有为太阳能热水系统设计辅助加热装置。

项目于2011年5月开工,于第二年6月全部施工完成,进入机电各专业系统调试验收阶段。当时恰逢临近夏季,天气晴好,阳光充足,太阳能热水系统调试时,现场人员随机打开了几个房间的热水淋浴喷头及洗面器水龙头,测试热水温度,显示出水温度均在55℃以上。现场人员对过程进行了记录,经自检和监理工程师核验,系统顺利通过调试验收。

两周后,工程竣工验收合格,交付使用。工程部按合同约定支付了部分工程款。

但随着时间的推移,太阳能热水系统相继出现了一些状况:

1.在学员入住客房率较高、热水使用量较大的情况下,热水系统压力偏小,水流量不足,导致热水洗浴不得不半途中断。

2.太阳能热水系统控制模块没有设计温度显示,物业管理人员无从检测热水温度,无法判断洗浴热水温度情况,给客户使用热水带来极大不便。

3.到了秋季,在阴雨天阳光不足时,太阳能热水系统因受到影响,无法满足使用热水量要求,又因为没有设计类似电加热方式的辅助热源系统,导致热水系统在这种情况下彻底不能使用。

4.在进入冬季的一两个月里,太阳能热水系统无法使用。

工程部联系了××建筑公司及其太阳能热水系统分包商××太阳能设备厂家分公司到现场解决问题。

案例分析

××建筑公司和××太阳能设备厂家分公司来到现场,一番检查后,告诉工程部并未发现系统存在什么问题,请工程部尽快拨付剩余工程款。工程部协调施工单位解决问题无果,不得不另外找到一家知名的太阳能设备厂家,请该厂家派有经验的专业技术人员前来帮忙处理。

该太阳能设备厂家专业技术人员来到现场后,对太阳能热水系统进行了排查,发现原有的太阳能热水系统设计和施工存在以下几个问题:

1. 热水供水主管道 DN32 的设计管径偏小,令人诧异的是,热水系统只设计了供水管道,却没有设计回水管道,热水系统不能进行热水循环。

2. 太阳能热水系统没有设计辅助加热系统,控制系统的设计也因缺少一些关键数据而不够完善。

3. 原有太阳能热水系统采用一体机太阳能热水器,每一台热水器配置一个容积 210L 的贮热水箱,每个贮热水箱通过管道相互串联,再由供水泵供至各个房间。这种分散式贮热水箱供水方式使水箱与水箱之间的串联管道过长,又由于串联管道 DN15 的设计管径偏小,造成热水供应较慢。

4. 给太阳能热水系统补水的冷水管道安装了防冻电伴热带,而热水管道却没有安装,因安装在屋面的热水供水管道沿水平方向敷设的距离较长,当室外温度较低时,管道内存在冻堵现象。

太阳能设备厂家专业技术人员经过现场勘查,并结合现场出现的情况,向工程部人员进行了故障原因分析:本项目太阳能热水系统采用分散式贮热水箱供水,如果为每台一体机太阳能热水器安装电加热器式辅助热源,容易导致每组电加热器不易独立控制的问题。而每排共 7 个贮热水箱沿东西方向串联,也会使每个水箱之间的温度存在较大差异,水箱温度不易控制。又因热水系统只有供水管道没有回水管道,系统无法进行热水循环,学员洗浴时,要放出很长时间的冷水才能出热水。另外,热水系统在五层的水压偏低,造成该层用热水点压力和水量不足现象。

案例处理

工程部对太阳能设备厂家专业技术人员的分析表示认可,向其询问解决的办法。太阳能设备厂家专业技术人员提出了系统整改建议。

1. 另增加热水供水水箱一座,容量为 $3.2m^3$。安装在西楼局部六层的屋面上方,通过增大自然落差的方式提高热水系统供水压力,以满足五层客房用热水点压力。同时在水箱内设置电辅助加热装置,在太阳能热水系统供热不足导致水箱水温达不到用水要求时自动起动,辅助加热水箱至水温满足要求,电辅助加热装置的起动和关闭依靠控制系统实现。

2. 由新增加的热水供水水箱内引出热水供水管道,管径加大到 DN40,最大小时供热水量可达到 $4.8m^3/h$,可以满足 80% 客房入住率情况下的热水供应。

3. 热水系统增加循环回水管道,采取定时定温热水循环,缩短学员洗浴时放冷水的时间,减少浪费。

4. 对原有 42 台一体机太阳能热水器补水系统进行改造,把由每排最西侧为每排太阳能热水器进行补水的方式改为东西两侧同时自动补水。将每排一体机太阳能热水器中分散的贮热水箱由串联管道在中间位置汇集,通过控制增压泵,将热水打进新增的热水供水水箱内,新增水箱内增加相应的液位控制。

5. 将太阳能热水系统暴露在室外的热水管道全部增设防冻电伴热带,在控制系统中补充温度控制功能,当天气寒冷,室外温度低于设定温度时,防冻电伴热带自动开启,加热升温。

6. 改造原有控制系统,新增一套可显示太阳能热水系统主要数据的全自动智能模块,将屋面太阳能设备及全部运行监测数据进行集成,并将控制柜安装在物业管理人员值班房间,方便物业管理人员操作监控。

工程部将太阳能设备厂家专业技术人员的整改建议与项目设计公司、××建筑公司和××太阳能设备厂家分公司进行了沟通,三方均没有异议。××太阳能设备厂家分公司按照太阳能设备厂家专业技术人员的建议出具了设计修改图,并经项目设计公司认可后,对原太阳能热水系统进行了改造,施工进行了15 天后完工,并调试运行成功。经系统改造后,解决了系统原来存在的问题,获得比较满意的结果。

案例启示

通过本案例暴露的问题以及改造以后的实际效果说明,在进行太阳能热水系统设计时需要注意以下几点:

1. 对于集中式太阳能热水系统,且热水使用的时间和人数较为集中,在进行太阳能热水系统设计时,应尽量采用集中集热－集中贮热的设计系统形式,而不宜采用分散式集热－分散式贮热的设计系统形式。如本案例,太阳能热水系统采用的是每个房间安装一台一体机太阳能热水器形式,太阳能集热器、贮热水箱独立设置,再通过管道将每台太阳能热水器相互串联,这样使水箱与水箱之间的串联管道加长,管道阻力和热损加大,如果设计串联管道管径时没有充分考虑到这一点,计算不准确,就容易造成热水供应不及时,表现为压力不够、热水量不足的现象。

2. 如果必须采用集热－贮热分散式太阳能热水系统设计形式,要充分考虑到热水到了系统最不利点(通常为最高、最远点),水压会降到多少,是否需要增压。设计热水量时,热水使用时间和使用人数最集中时的峰值热水量要计算准确,以满足用水高峰时期的热水用量需要。在分散式太阳能热水器串联系统设计中,建议设置一个集中热水供水箱较为妥当。

3. 为保证热水系统各区域热水温度均衡,提高用水使用舒适性,达到节水降耗的目的,不论采用集中式太阳能热水系统设计形式还是采用分散式太阳能热水系统设计形式,都应设计为闭式循环系统形式:循环水泵—供水—用水点—回水—循环水泵。

4. 太阳能热水系统受天气季节的影响较大,在阴雨天阳光不足时,太阳能热水系统效率会迅速降低,产热水量很难达到设计热水量要求。在冬天寒冷季节,太阳能热水系统大部分时间无法使用。本案例项目就是因为没有设计辅助热源系统,导致热水系统在太阳能不足的情况下彻底不能使用。因此,必须要考虑设计辅助热源系统。目前通常采用的辅助热源形式有:电辅热、空气源热泵辅热、锅炉水辅热。

5. 太阳能热水系统中集热系统以及大部分管道是安装在室外的,当室外温度有可能降到0℃以下时,系统管道设计必须要考虑室外管道(包括冷水管道和热水管道)的防冻措施。各种措施中,在管道外缠绕电伴热带是采用较多的,效果较好的一种办法。在控制系统中设定控制温度,当室外温度低于设定温度时,防冻电伴热带自动开启,加热升温。当室外温度达到设定温度时,防冻电伴热带自动关闭。

6. 太阳能热水系统需要有一套功能完善、集成全面的控制系统做保证,才能达到运行最佳状态。控制系统不仅能根据功能需要自动控制各种设备、阀部件的启停，还能对系统的运行状况和出现的不良状况进行显示、监控和预警，帮助维护人员更好地对太阳能热水系统进行管理。因此，控制系统设计的好坏对太阳能热水系统运行顺利与否起着关键的作用，必须特别重视。

本案项目中标施工单位××建筑公司将太阳能热水系统分包给了××太阳能设备厂家分公司进行深化设计和施工安装。从太阳能热水系统投入运行后出现的诸多问题可以看出，××建筑公司选中的太阳能热水系统施工安装分包单位是基本没有太阳能热水系统设计经验的，否则也不应该在深化设计中出现这么多常识性错误。可以想象，这家分包单位是怎样中标本案例项目的。

为了在激烈的市场竞争中占有一席之地，很多建筑企业为降低施工成本，选择专业技能低，专业经验少，甚至基本无专业背景的分包队伍从事专业设计、专业施工等建设管理。最终，给企业带来不利后果，甚至是严重事故，教训是深刻的。这些建筑企业有没有想过，因不懂专业造成的经济损失反过来会导致企业经营成本的增加，到头来仍是弊大于利，得不偿失？

每一个建设工程企业都应该认真思考，要想获得更多的机会，靠一味打压对手或降低价格是否就能如愿以偿？笔者认为恰恰相反，这种做法既扰乱了市场，又损害了自身利益，只能让自己在市场经济活动中越来越被动。既成为不了优秀的企业，也做不了真正的赢家。建设工程企业只有具备更好的服务意识，更高的管理水平，更注重和强调做好细节，为用户提供更优质的工程产品，才能比对手具备更强的竞争实力。

二、贮热水箱间无通风措施，控制系统设备遭损坏案例

某省××部队新建一座三层招待所，该部队地处偏远山区，为临时驻扎机构。因环境所限不具备自建热水锅炉的条件，××部队营房处决定采用太阳能为生活热水系统提供热源。项目设计单位最终采用太阳能集热—贮热—循环供热集中式热水系统设计。该系统主要设备包括太阳能集热器、贮热水箱、太阳能热水循环水泵（一用一备）、热水管网供水泵（一用一备）、太阳能集热系统控制柜、热水系统供水变频控制柜、配套控制电磁阀等各类阀部件。以上主要设备均设置在建筑物屋面的系统设备间内。

项目设计图完成后，××部队营房处通过招标确定了项目施工单位。工程于五个月后完成各分部分项工程施工安装，进入机电各专业系统调试阶段。施工单位计划在系统各项内容调试运行正常后，进行竣工验收。

在太阳能热水系统开始调试的第一天和第二天里，设备运转、系统运行均正常，太阳能集热器所制热水进入贮热水箱后，水温可达到55℃。施工单位项目负责人看到太阳能热水系统连续三天都处在全自动正常运行状态，而另一个刚刚准备系统调试的施工项目又急需调试人员，于是在系统调试的第四天，将负责太阳能热水系统调试的人员派到了另一个施工项目工地。五天后，当负责调试的人员返回本案例项目，对太阳能热水系统运行再次进行观察时，却发现系统已停止运转，调试人员进入水箱设备间，看到四面墙壁挂满了水珠，顶棚的涂料已经出现部分脱落。调试人员又对太阳能热水系统主要设备进行了仔细检查，发现系统控制柜里的PLC控制模块及变频器由于设备间太潮湿而浸水，已造成线路板短路损坏。其中一台太阳能热水系统循环水泵也因电机受潮进水而损坏。调试人员赶紧把现场情况向项目负责人进行了汇报，项目负责人知道后心里吃惊不小，因为就在前几天，太阳能热水系统调试运行一直很正常，并未收到过系统出现故障的情况报告，以为太阳能热水系统已经和其他专业系统一样完成了调试验收。而且，施工单位已经将工程竣工验收申请单转呈给了监理单位和建设单位，刚刚获悉，建设单位已经到验收主管部门办事窗口办理了申报手续，不日就会确定验收时间。工程验收日益临近，项目负责人感觉到事态严重，必须马上解决问题，再进行系统调试，一刻不能耽误。

案例分析

施工单位找来太阳能热水系统专业施工分包公司技术负责人到现场查看问题，技术负责人对太阳能集热器、管网系统、各个设备以及安装水箱和设备的房间都进行了仔细检查，又查看了太阳能热水系统开始四天里的调试记录。从检查情况看，集热器、系统管道、设备的选型、安装以及在四天里的运转并没有问题。但技术负责人注意到，安装设备和水箱的设备间是封闭、没有窗户的房间，也没有安装其他通风设施。经向现场负责调试的人员询问得知，当工人进入安装设备和水箱的设备间进行太阳能热水系统调试时，负责调试的人员会把设备间的大门打开，当负责调试的人员离开安装设备和水箱的设备间时，为安全起见,不论系统及设备运转与否,都会将这个设备间的大门锁上。技术负责人又了解到,太阳能热水系统开始运行调试的几天里,天气晴朗,阳光明媚,日照比较强烈。

技术负责人根据从现场反映的现象和对系统了解检查的情况分析认为,出现太阳能热水系统调试运行中断,系统控制柜 PLC 控制模块及变频器线路板短路损坏,太阳能热水系统循环水泵电机损坏的主要原因有以下几个方面的:

1. 天气因素。太阳能热水系统调试运行的几天,阳光强烈,太阳辐射强度大,室内外温度较高。

2. 设备间没有良好的通风措施。安装设备和水箱的设备间既没窗户,又无机械通风,环境封闭。

3. 负责调试的人员为安全起见,离开设备间后把大门锁上,而太阳能热水系统照常运转,在系统调试期间,系统用户端又无人使用热水,经过几天的连续加热,贮热水箱的水温可飙升到80℃以上。设备长时间运转,也会让设备间室内温度越来越高,加上天气温度偏高因素,会造成安装设备和水箱的设备间里弥漫大量热气,当环境温度骤然降低时,热气会形成大量冷凝水,湿度会变得越来越大。设备长期在这样封闭、潮湿、高温的环境下运行,最终造成设备间内的电气设备、控制柜里的控制元器件因受潮浸入冷凝水短路而损坏。

施工单位把太阳能热水系统专业施工分包公司技术负责人的分析意见向建设单位和项目设计单位进行了反馈,设计单位重新查看了设计图,确定安装设备和水箱的设备间确实遗漏了通风措施的设计。

原来,设计单位在进行项目设计时,项目设计组都会有明确的专业分工。设备间的门窗由土建专业负责设计,设备间的机械通风则由暖通专业负责设计。而位于屋面的水箱间和设备间不需要人员长期留守,因此土建专业设计人员就没有考虑采光和通风换气的需要。而在没有相关专业提出特殊要求的情况下,土建专业设计人员就会按照常规设计,不在屋面水箱间和设备间设计窗户。暖通专业在进行设计时,会按照建筑水暖专业设计标准进行通风设计。屋面水箱间和设备间多用作消防水箱和消防增压泵安置场所,水箱储存的水是冷水,消防增压泵只有在消防年检或火灾时才会起动,这个场所不会产生高温、湿热的情况,因此也较少在此考虑通风换气装置的设计。设计人员把放置太阳能热水系统设备和贮热水箱的设备间比照一般建筑水暖专业水箱间设计了,才出现了本案例简介中描述的这些问题。

最后,设计单位基本认可太阳能热水系统专业施工分包公司技术负责人的分析意见,同意对此疏漏进行设计变更修改。

案例处理

设计单位与建设单位进行了电话沟通,说明了原来施工图中存在的设计问题,并提出要保证太阳能热水系统顺利使用,必须要在安装设备和水箱的设备间采取通风措施,但现状已经不具备在设备间墙上安装窗户的条件了,建议加装机械通风设备,同时为能在炎热夏季降低设备间室温建议增加空调。建设单位明确指出,为保证太阳能热水系统使用功能,该措施必须增加。为节省改造成本,设计单位经与建设单位协商,确定在安装设备和水箱的设备间侧墙上部增加通风口、安装排风扇和一台分体空调机的设计变更方案。各方表示同意。

施工单位按照设计变更修改进行了改造施工,增加了通风口,安装了排风扇和分体空调机,并对设备间墙顶四周重新进行粉刷。同时督促太阳能热水系统专业施工分包公司更换损坏的太阳能热水系统循环水泵、控制柜 PLC 控制模块、变频器等控制元器件和线路板。两周后,施工完成。施工单位再次对太阳能热水系统进行调试,系统运行一周未出现问题。施工单位重新向建设单位提出了工程竣工验收申请,建设单位又重新到主管验收部门窗口办理了申报工程验收加急手续。五天后工程顺利验收。但因为太阳能热水系统出现问题、解决问题、改造施工、重新调试耽误了不少时间,工程实际竣工日期比施工合同约定的竣工验收日期推迟了近三周时间。

工程竣工交付使用后,太阳能热水系统运行一年来没有再出现类似的问题,设备水箱间增加了通风空调措施以后,也没有再出现热气冷凝的问题,水泵和控制设备运转良好。

案例启示

在太阳能热水系统设计中,位于屋面集热系统的贮热水箱及循环水泵设备间的通风措施因容易被忽视,往往使得设备间形成高温产生大量热气弥漫,一旦遇到环境温度降低,就会形成大量冷凝水,从而给电气设备带来安全隐患,久而久之造成电气设备、控制元器件的损坏。这点尤其要引起太阳能热水系统设计者的重视。

从列举的很多案例中可以看到，设计原因产生的太阳能热水系统问题多由太阳能集热器的选型、布置、安装有误或维护不利，系统管道设计安装、材料选用或使用维护不当，以及辅助加热系统设计安装出现问题所致。因太阳能热水系统本身以外的设计失误导致系统出现问题的情况比较少见，也最不易引起设计人员的注意，而这些不引人注意的，容易被忽略的细节却有可能成为引发太阳能热水系统出现故障的导火索。

本案例项目设计单位在进行太阳能热水系统设备和水箱的设备间设计过程中，土建专业设计人员因不了解太阳能热水系统运行的专业特点，按照一般专业系统的水箱设备间进行了设计，未考虑开窗。暖通专业因未想到或未深入考察了解到太阳能热水系统运行的专业特点，按照一般建筑水暖专业系统运行情况进行了设计，未考虑机械通风措施。两个专业设计出现的失误都不是太阳能热水系统专业设计上的失误，而正是这个与专业系统设计无关的失误却导致了太阳能热水系统运行的瘫痪。由此看出，任何一个细节的疏漏都可能造成严重后果，让一个完美的开始变成失望的结束。

对于一个设计项目，设计单位通常以项目团队形式开展工作，项目团队由项目设计负责人和相关专业设计人员组成。设计过程是否顺利，设计图纸是否切合实际，使用要求、使用功能等各个细节是否考虑充分，很大程度上取决于项目负责人和专业设计人员对本专业和相关专业知识了解的程度，以及与设计团队、建设单位及其他参建单位的工作配合是否顺畅。

本案例项目设计单位的土建专业和暖通专业都是各自独立进行本专业设计的。设计中通常只会从本专业角度出发，根据设计规范、设计标准和自身的设计经验进行设计。从当今我国设计行业普遍反映的设计水平看，专业设计人员还不具备专业之间的融会贯通。因此，项目设计负责人的经验和协调作用至关重要。如果本案例项目设计负责人能根据设计的不同阶段，不定期地召开各专业碰头会，让每个专业的设计人员介绍一下设计情况、设计程度、有无与其他专业要相互了解和协商的问题，就有机会把那些看似与本专业无关，实质有关且容易被忽略的问题联系起来，就有可能避免日后因设计失误导致系统故障的发生。

　　各专业设计人员也不能只局限于埋头做自己的专业设计,不顾其他,还应兼收并蓄,不断扩展专业知识面,深入细节,了解系统运行的各个特点和要注意的问题,主动参与、主动研究、加强沟通、善于交流、精益求精,应成为每个设计人员的工作追求。

　　本案例太阳能热水系统专业施工分包公司对太阳能热水系统设备的运行特点、使用要求应该是最有经验的,也是对系统性能和以往工程中出现故障的原因最清楚的。对水箱设备间如果通风不足易造成室内高温产生大量热气,进而遇冷形成大量冷凝水,会给电气设备带来安全隐患这一现象也应该是了解的。如果太阳能热水系统专业施工分包公司能在施工安装期间,把这些问题主动向工程施工单位和设计单位进行说明,就能或多或少地提醒施工单位和设计单位有意识地进行关注和核算,进而减少一些设计过程中的失误,避免施工刚完成就要进行拆改,造成各方经济利益损失的局面。

第五章 太阳能——地源热泵工艺与发展

第一节 地源热泵的应用现状

一、国外研究及应用现状

在1912年瑞士科学家首次发现地面热泵之后，美国进行了进一步的研究，并成功创建了供人类使用的地面热泵系统。然而，由于足够的能源资源和低廉的价格，地源热泵并未被人类广泛使用。随着能源消耗的不断增加，能源短缺和环境恶化对人类构成了重大威胁。随着人们对节能新方法的需求，人们重新关注地源热泵，并开始关注地源热泵。在研究和应用方面，许多欧洲国家（例如荷兰和瑞士）在政府的支持和资助下建立了系统的地面热泵项目，为建立具有地面源的热泵系统起到了良好的榜样作用。在其他国家。尽管当时技术有一定的进步，但它仍然不是完美的。以地下水为冷热源的地源热泵系统对地下水的温度要求较高，这使得地源热泵的运行更加费力。20世纪末，美国对地基热泵技术进行了系统、深入地研究，使地基热泵技术得到了突飞猛进的发展，并形成了对地源热泵和热源的分组研究。

二、国内研究及应用现状

我国是一个能源消耗大国，为地源热泵技术的关注和研究作出了巨大的贡献。在我国初期进行的各种技术交流和研讨会为将来深入研究地基热泵技术系统奠定了良好的基础。我国高度重视地面热泵的发展，并将其纳入新能源发展的15年计划中。由于人口众多和能源消耗高，地源热泵的发展前景非常广阔。近年来,地源热泵的发展特别迅速,专业制造商遍布。几家知名的外国公司也已在中国市场进行投资,以推动中国地面热泵行业的发展。

第二节　地源热泵特性分析及可行性研究

一、地源热泵有利于生态环境的可持续发展

地源热泵技术是一种可再生能源利用技术,它利用地下的浅层地热资源作为能源转换的冷热源。浅层地热资源是可再生能源,再生速度非常快。它们无处不在,很容易获得和使用,而不受任何条件限制,大大降低了能源消耗,并且地面泵热源的运行不会产生任何环境污染。

二、地源热泵系统维护费用低

地源热泵技术没有复杂的内部结构,具有多个组成部分,便于管理和维护。地源热泵系统主要建在地下或室内,不占用空间,不受外界环境干扰,避免风吹雨打。如恶劣天气的影响,系统内部的自动化非常高,维护成本很低,节省了很多人力和财力。

三、地源热泵系统应用范围广

地源热泵的系统不仅可以提供暖气、空调,还可以提供热水,具有多种作用。申请站点的选择性也相对较广,例如学校,房屋,购物中心等。可以说,地源热泵的发明和使用给我们的生活带来了便利。

第三节　我国地源热泵技术发展与展望

地源热泵技术最早是由瑞士专家于 1912 年提出的,然后在 1946 年美国进行了深入研究,成功地建立了历史上第一个地源热泵系统,并被相继使用。这项技术已经传播到其他欧洲国家。随着能源的大量消耗和人们对节能意识的

不断提高,地源热源再次引起了广泛的关注。近年来,电力短缺和环境条件恶化致使人们投入大量技术和时间来寻找地源热泵。作为一个大的能源消耗国,我国也在努力寻找立足之地。地源热源技术的发展与创新以及各种技术经验交流会的积极开展,为我国的地源热泵技术的发展提供了有力的支持和保证。

参考文献

[1]李沛云. 安装工程常见质量问题案例[M]. 北京:中国建筑工业出版社,2003.

[2]王崇杰,薛一冰. 太阳能建筑设计[M]. 北京:中国建筑工业出版社,2007.

[3]杨金良,刘代丽,万小春. 太阳能光热利用技术[M]. 北京:中国农业出版社,2017.

[4]陈贵民,叶丽影. 建设工程管理细节案例与点评[M]. 北京:机械工业出版社,2009.